KB097852

자연치유 전문가 정용준 약사의

노니 건강법

자연치유 전문가 정용준 약사의

노니 건강법

정용준 지음

모아북스
MOABOOKS

노니 건강법으로 내 몸을 지키자

현대인에게 건강의 중요성은 아무리 강조해도 지나치지 않습니다. 물질이 풍요한 사회에 살고 있는 우리에게 행복의 가장 기본 요소가 바로 건강이기 때문입니다. 이러한 시대상에 발 맞춰 현대의학은 눈부신 발전을 거듭해 많은 질병을 연구하고 치료법을 찾아 냈습니다. 하지만 그렇다고 질병으로부터 완전히 해방된 것은 아닙니다. 오히려 더 많은 사람들이 새로운 질병으로 고통 받고 있고, 치료 과정에서 또 다른 부작용에 시달리고 있는 것이 현실입니다.

사람마다 타고난 몸의 특징이 다르고 병의 원인을 정확하게 알아 내는 것은 거의 불가능하기 때문에 현대 의학에서는 겉으로 드러난 병의 증상을 대응하여 처치하는 대증(對症)요법을 주로 사용하게 됩니다. 하지만 전통의학에서 나타나는 양생(養生)요법은 병이 발생하게 된 원인을 제거하는 것에 초점을 맞춥니다. 이를 통해 우리 몸의 자연치유력을 높여 몸 원래의 기능을 회복시켜 질병을 치료하는 원리입니다.

"병이란 불결한 것이 몸의 특정 부위에 축적되었다는 자연의 경고이다. 약을 먹어 병의 더러움을 덮어두는 것이 아니라 자연으로 하여금 제거하도록 하는 것이 바로 지혜로운 일이다 - 간디"

하지만 자연치유력을 높이는 천연물질이 어떤 것이 있는지를 또 어떤 것이 정말 효과가 있는지 구별하기란 힘듭니다. 일반적으로 한의학을 제외하고는 약재로 쓰이는 천연물질에 대한 과학적인 연구가 충분치 않고 성분 분석이나 안전성, 실제 임상 결과에 대한 자료가 많이 부족하기 때문입니다.

모린다 시트리폴리아(Morinda Citrifolia) 혹은 노니(Noni)라고 불리는 식물을 선택한 이유는 바로 이러한 고민에 대한 명쾌한 답을 주기 때문입니다. 노니는 약 2000여 년 전부터 남태평양의 섬나라에서 약재로 쓰였습니다. 노니를 사용해온 원주민들은 이것을 '고통을 치료해 주는 나무' 라고 부를 만큼 다양한 증상에 사용하며 그 효과 또한 뛰어나 하나님이 주신 신비의 약초라고 부르기도 합니다. 노니의 의학적인 가치에 대한 연구도 이미 활발히 진행되고 있습니다. 주로 영국, 프랑스, 미국, 일본 등과 같은 의료 선진국이며 그 중에서도 최고의 의과대학으로 알려져 있는 대학에서 노니를 연구하고 있습니다. 이러한 연구를 통해 노니에 들어있는 비타민과 단백질, 풍부한 미네랄 등 6대 영양소와 165종의 각종 영양 성분이 밝혀졌습니다. 또한 8,000건 이상의 임상 조사 결과 전체의 78%가 노니를 음용한 후 질병에 차도가 있다고 대답했습니다.

노니는 자신에게 맞는 양을 하루 몇 차례 음용하면 될 만큼 간단하고 다양한 병리에 광범위하게 적용이 가능하다는 점에서 의학적 가치가 있는 식물이라는 평가를 받고 있습니다.

이 책은 다음과 같은 구성을 통하여 노니에 대한 건강법을 제시하고자 합니다.

첫째, 1장과 2장에서는 면역시스템을 강화하여 자연치유력을 높이는 자연의학에 대한 이해와 부작용이 많은 화학물질의 한계를 뛰어넘는 천연물질로써의 노니를 다각도로 소개하려 합니다. 남태평양 섬나라에서 약 2000여 년 전부터 애용해 온 천연물질인 노니는 진통제와 외상 치료제 및 다양한 질병을 치료하는데 사용됐습니다. 이 뿐만 아니라 현대 의료연구진의 연구와 임상 조사를 통해 노니의 다양한 효능에 대한 과학적인 근거를 함께 소개합니다.

1장. 왜 현대인에게 노니가 주목받고 있는가?

현대의학의 발전에도 불구하고 여전히 많은 사람들은 질병 때문에 고통 받고 있습니다. 불치병뿐만 아니라 4대 성인병 역시 꾸준히 늘어나고 있는 경우를 들어 현대의학의 한계를 반문해 봅니다. 또한 세계 각지에서 자가 치유력을 높일 수 있는 천연 물질을 찾던 중에 알려진 노니가 각광을 받게 된 배경과, 남태평양에서 민간요법으로 써오던 노니에 대해 알아봅니다.

2장. 전 세계 의학계가 증명한 노니의 기적

의학자들은 노니의 다양한 효능을 밝혀내기 위해 다양한 연구를 진행 했습니다. 세계 유수대학에서 연구한 노니의 효능과 유효성분에 대해 소개하고 닐 솔로몬 박사가 진행한 임상실험 결과를 알아봅니다. 고혈압, 암, 관절염, 통증, 염증 등 구체적인 질병과 관련해 노니의 어떤 성분이 작용하여 증상을 호전시키는지 탐색해 봅니다.

둘째, 3장과 4장에서는 노니를 활용한 건강법을 구체적으로 소개하고 노니를 활용한 디톡스 프로그램을 제안합니다. 더불어 음용 시 주의사항과 음용 이 후 나타 날 수 있는 명현반응에 대해 소개함으로써 음용자의 혼란을 줄이는 실용적인 정보들을 제공합니다. 또한 노니로 건강을 되찾은 실제 사례들을 소개했습니다.

3장. 내 몸을 바꾸는 노니 건강법

질병의 치유에는 몸 안의 해로운 성분을 제거하는 디톡스 과정이 필요합니다. 겉으로 들어나는 질병의 증세만 치료하는 것이 아니라 그 원인을 없애기 위함입니다. 노니는 면역계통에 작용해 손상된 세포를 재생하고 세포 기능을 활성화 시켜 몸의 자정능력을 높이는 효능이 있으므로 디톡스 프로그램에 적용하기 좋습니다. 노니 디톡스 10일 프로그램을 자세히 소개하고 프로그램을 실행할 때 도움이 되는 정보를 담았습니다.

4장. 노니로 건강을 되찾은 사람들

노니를 음용하고 건강을 회복한 사례를 외국이 아닌 한국의 실제 사례로만 모았습니다. 자궁경부암, 간경화, 고혈압, 협심증, 갑상선 기능저하증, 천식과 같은 중증질환에서부터 비만, 다리 부종, 검붉은 안색 등 일상적인 고민까지 노니를 통해 고민을 해결한 체험자들의 이야기를 엮었습니다.

셋째, 5장에서는 노니를 실생활에서 경험해 보려고 할 때 생기는 궁금증을 모았습니다. 앞에서 자세히 설명해 놓았지만 추가적으로 궁금한 점이 생길 수 있고, 또 실제로 받았던 질문들이기 때문에 따로 모아 소개해 놓았습니다.

5장. 노니에 대한 궁금증에 답하다

노니를 음용할 때 기존에 섭취하던 영양제를 함께 먹어도 되는지, 원액 그대로가 아닌 다른 방법은 없는지, 사람이 아닌 애완동물에도 효능이 있는지 등 다양한 질문에 대한 답을 정리해 놓았습니다.

노니 건강법과 함께 이뤄가는 건강한 생활

질병의 경중을 떠나서 건강을 염려하며 뛰어난 해결책을 갈구하는 사람들이 많습니다. 하지만 막상 좋은 방법을 알게 되더라도 실천으로 옮기지 못하는 경우 또한 부지기수입니다. 노니는 주스라는 형태로 간편하게 섭취하면 되고 연간 생산량도 풍부하기 때문에 경제적인 부담이 적습니다. 하지만 질병으로 고통 받는 인간을 위해 신이 내린 열매라도 제대로 섭취하지 않고 생활습관을 바꾸지 않으면 아무 소용이 없는 법입니다. 노니 주스와 함께 건강을 되찾고 활기차고 행복한 생활을 영위해 나가는 분들이 이 책을 통해서 더욱 많아지길 소망합니다.

정용준

차례

PART 3

내 몸을 바꾸는 노니 건강법으로 건강을 지키자

PART 4

노니로 건강을 되찾은 사람들

PART 5

노니에 대한 궁금증에 답하다

PART **1**

왜 현대인에게
노니가
주목받고 있는가?

1. 질병은 자연치유력으로 회복될 수 있기 때문

지금까지 현대의학이 눈부신 발전을 거듭했다는 사실은 그 누구도 부인하지 않습니다. 특히 제2차 세계대전 이후로 1970년대까지는 '현대의학의 황금기' 로 불렸습니다. 미국은 비약적인 경제성장을 통해 마련한 대규모의 자금을 의학 연구비로 투자했고 사람들도 가까운 미래에는 질병에서 해방될 거라 믿었습니다. 1970년 초 미국의 닉슨 대통령 역시 '앞으로 10년 이내에 암이 정복 될 것' 이라고 선포할 정도였습니다. 하지만 후기 산업사회로 넘어가면서 점점 현대의학의 임상적 효능성이 감소되기 시작했습니다.

현재는 인류 역사상 질병의 종류가 가장 많은 시대이고 그 중 불치병, 난치병이 상당수 입니다. 1999년부터 2012년까지 암을 경험한 사람은 총 123만 4,879명으로 전체 인구로 보면 41명당 1명꼴로 암에 걸립니다. 이렇게 발병률이 높은 암 역시 아직까지 완벽하게 치료하지 못하고 각종 자가면역질환, 퇴행성 질환 등 역시 현대의학으로 해결하지 못하는 경우가 많습니다. 또한 신종바이러스나 박테리아의 등장이 늘고 있지만 그럴 때마다 현대의학은 제대로 된 대처를 하지 못하는 현실입니다.

또 다른 문제는 현대의학이 제시하는 건강관리법 만으로는 질병으로부터 자유로울 수 없으며 각종 질병 발생률은 점점 증가하고 있다는 점입니다. 보건복지부에서 발표한 우리나라 질병 발생통계에 따르면 1999년 이후 10년 새에 인구 10만 명당 암 발생률은 거의 2배에 육박하는 수치로 증가했습니다. 증가추세는 해마다 그 폭이 넓어지고 있으며 그에 따른 암 사망률도 함께 증가하고 있습니다.

성인 4대 질병 중 하나인 당뇨병도 마찬가지 입니다. 2003년 우리나라 당뇨병 인구는 전체의 8.29%인 401만 명이었으며 2010년에는 486만 명, 2015년에는 553만 명으로 빠르게 증가하고 있습니다. 이대로라면 2030년에는 당뇨 환자가 722만 명으로 늘어날 것으로 추산하고 있습니다. 이는 7명 중 1명꼴로 당뇨를 앓고 있다는 이야기가 됩니다. 이러한 유병률은 전 세계적으로도 살펴보았을 때도 상당히 높은 수치로 미국과 일본, 프랑스, 영국 등보다 높으며 독일에 이어 세계 2위에 해당됩니다.

질병에 노출되어 있는 것은 비단 어른들만의 문제가 아닙니다. 전체 60~70%에 달하는 신생아들이 아토피를 앓고 있다는 보고도 있으며, 보건복지부의 자료에 따르면 0~4세의 소아 만성질환 중에서도 아토피가 1위를 차지합니다.

감기의 원인도 알아내지 못한 현대의학의 한계점

현대의학이 발전을 거듭해 나가고 있는 것도 사실이지만 동시에 한계 또한 존재한다는 점도 한 번 생각해봐야 합니다. 예를 들어 신장병의 경우 근 반세기 동안 치료법이 크게 변하지 않았습니다. 계속 처방된 스테로이드 호르몬을 복용하다가 언젠가는 신장 투석을 하게 되지요.

평생 약을 먹어야 하는 고혈압도 마찬가지입니다. 고혈압의 근본 원인을 알기 어렵기 때문에 약을 끊으면 혈압은 바로 위험한 수치로 올라갑니다. 병이 치료된 것 보다는 문제가 있는 증상이 사라지거나 일시적으로 멈춰있는 상태로 볼 수 있습니다.

이처럼 현대의학의 한계는 병의 원인을 알아내기 보다는 결과로 나타난 증상에 집중하는 점에서 드러납니다. 검사를 통해 증상을 일으키는 1차적인 원인은 알 수 있겠지만 아무리 고가의 최첨단

정밀검사를 받는다고 해도 근본적인 원인을 모두 알 수 있는 것은 아닙니다.

현대의학이 질병의 원인을 알아내지 못한다는 말이 편파적인 해석이라고 생각하실 수도 있으니 부신피질 기능항진증인 쿠싱 증후군을 예로 들어보겠습니다. 쿠싱 증후군은 뇌하수체에 생긴 종양으로 인해 부신피질 자극 호르몬이 과다하게 분비되고, 이것으로 인해 부신에서는 스테로이드 호르몬이 많이 생산되어 고혈압, 고혈당, 골다공증 및 심혈관계 질환이 동반될 가능성이 높아 이로 인한 합병증이 유발 되는 질병입니다.

검사를 실시하면 뇌하수체에서 종양이 발견되고 이 종양 때문에 생긴 문제라는 판단을 내릴 것입니다. 따라서 그것을 제거하면 회복된다는 발상을 하기 쉽지만 실상 결과는 그와 다릅니다. 뇌하수체에 종양이 생긴 원인이 따로 있다면 아무리 종양을 제거한들 다시 종양이 생기지 않는다는 보장을 할 수 없기 때문입니다. 현대의학은 아직도 왜 애초에 암세포가 생기는 지에 대한 원인을 밝히지 못했으며 심지어 왜 감기에 걸리는 지도 원인을 찾지 못했습니다.

현대의학의 한계점 그 이유는 무엇?

현대의학이 눈부신 발전을 이루었다고 하지만 이토록 다양한 난치병의 증가는 현대의학의 한계를 반증하고 있습니다. 현대의학의 한계는 의학이 과학의 한 분야로 국한되어 있기 때문이기도 합니다. 서구에서 발달된 의학은 과학논리로 설명하고 이해하기 때문에 사람의 몸 역시 복잡한 기계로 생각합니다. 인체의 심장은 혈관이라는 도로를 통해 필요한 물자를 보내는 펌프이며, 몸의 장기는 각자의 역할이 정해져 있는 기계의 부품이라는 인식은 현대의학의 한계로 드러나게 됩니다.

어떤 유전자를 타고난 사람이 어떠한 환경 속에서 왜 아프게 되었는가와 같은 개개인의 특성보다는 질병이라는 실체에만 집중하는 것이 그 대표적인 예입니다. 원인을 밝혀 근본적인 문제를 해결하는 것이 아니라 질병의 증상이 나타난 부위를 고장난 부품을 교체하듯 단편적으로 문제부위에 초점을 맞추는 것입니다.

인간의 몸은 복잡한 기계를 넘어서 고도로 발전된 유기체로 과학으로 증명할 수 없는 정신적인 부분 역시 건강을 유지하는 중요한 부분입니다. 하지만 실증주의를 토대로 한 임상의학, 분자생물학적 차원에서만 질병을 분석하려고 하는 관점에서는 마음의 병으로 몸의 기능이 떨어지는 것을 '스트레스'라는 단순한 원인 외에는 인정하지 않습니다.

"인간은 자연에서 멀어질수록 병에 가까워진다."

-히포크라테스

우리 몸이 가지고 있는 자연치유력에 비밀이 있다

또 한 가지 현대의학이 간과하는 부분은 복잡한 유기체이자 자체적으로 생명을 유지하는 기능을 가진 우리 몸에는 자연치유력이 있다는 점입니다. 도마뱀처럼 잘린 꼬리가 다시 생기지는 않지만 인간에게도 눈으로 바로 확인할 수 있는 치유력이 있습니다. 피부에 상처가 났을 때 피 속에 들어 있는 세포 중 혈액응고의 역할을 하는 혈소판이 지혈을 시키고, 지혈 후에는 상처 부위에 새 살이 차오르는 과정 역시 우리 몸의 자연 치유 능력입니다. 우리나라에선 감기에 걸렸을 때 감기약을 먹지만 외국에서는 감기를 치료하는 약이 따로 없습니다. 감기는 그냥 두어도 90% 이상은 자연치유가 되기 때문에 '그냥 두면 7일 만에 낫고 약을 먹으면 1주일 만에 낫는다.' 고 농담도 하는 것입니다.

감기는 생명에 지장이 없는 가벼운 증상이지 않냐고요? 그럼 심각한 병으로 생각되는 '사스(급성호흡기증후군)' 의 경우를 들어볼까요? 2003년 온 세상을 공포에 떨게 했으며 수많은 목숨을 앗아간 사스는 수만 명이 감염되었습니다. 하지만 그 중 90%는 사스에 걸렸는지도 모른 채 스스로 치유되었습니다. 그 질병을 감당할 수 없는 상태의 사람들에게 너무 순식간에 전염되었고 그것으로 인해 생명을 잃었지만 전체 감염자에 비하면 일부분에 불과했습니다.

어떤 원리로 작동하는지 밝혀낼 수 없지만 우리 몸의 자연치유 시스템은 항상 작동하고 있습니다. 자연치유력은 인체의 항상성으로 쉽게 설명할 수 있습니다.

우리의 몸은 항상 정해진 정상범위를 벗어나지 않고 균형을 이루려는 특징을 가지고 있습니다. 이는 '자동정상화장치'라고도 불리는데 정상범위에 모자라거나 지나치면 스스로 조절해 정상범위로 회복시키며 균형을 유지하기 힘든 외부의 환경변화 속에서도 최대한 원래의 상태로 돌아가려는 상태를 말합니다.

질병의 증상으로 받아들이는 것 역시 인체의 정상화 기능이 작동하여 균형을 깨트리는 요인을 제거하고 싸우는 과정으로 볼 수 있습니다.

전통의학의 기본원리는 자연치유력을 회복 하는 것이다

인간이 스스로를 치유할 수 있는 능력이 있다는 것은 세계 곳곳의 전통 의학에서도 찾아 볼 수 있습니다. 인도의 '아유르베다', 북미의 '인디언 의학' 부터 아시아권의 중국의 '중의학', 한국의 '한의학', 티베트의 '장의학' 등이 대표적입니다.

　이들 전통의학은 병이 생기는 이유가 몸 속 환경의 부정적 변화라고 생각합니다. 또한 사람들이 모두 똑같은 특성을 가지고 있는 것이 아니기 때문에 체질과 그에 맞는 치료법을 제시합니다. 중의학의 음양오행론이 그러하며 인도 아유르베다에서도 3가지 체질(바타, 비타, 카파)도 마찬가지입니다. 이들 전통의학은 환자의 상태를 면밀히 관찰하며 생활환경과 체질의 차이를 고려해 자연에서 얻은 천연식품을 통해 병을 치료했습니다.

　"병이란 불결한 것이 몸의 특정 부위에 축적되었다는 자연의 경고다. 약을 먹어 병의 더러움을 덮어두는 것이 아니라 자연으로 하여금 제거하도록 하는 것이 바로 지혜로운 일이다"

- 간디

자연치유력 높이는 자연의학이 건강의 열쇠

　겉으로 보기에는 변화를 눈치 챌 수 없지만 우리 몸은 끊임없이 자연치유력을 발휘하고 있습니다. 5주마다 피부의 노화된 세포 대신 새로운 세포로 교체되며 위벽은 5일마다 뼈는 3개월마다 새로운 세포로 바뀌고 있습니다. 자연치유력이 없다면 현대의학으로 치료할 수 없는 불치병에 걸렸음에도 죽지 않고 살아가는 적지 않은 경우를 설명하기 어렵습니다. 실제로 미국 캘리포니아의 한 연구소에서는 1,000여종의 학술지에서 자연치유로 질병에서 벗어난 사례만 약 3,000여건 이상 찾아내기도 했습니다.

질병은 생명체에서 뗄레야 뗄 수 없는 존재입니다. 2억 년 전 공룡뼈 화석에서도 관절염과 암의 흔적이 남아있습니다. 동물도 인간처럼 말라리아, 축농증, 충치, 골절, 탈장 등의 다양한 질병을 앓습니다. 동물들이 자연 속에서 스스로를 치유할 방법을 찾듯 인류 역시 자연 속에서 그 방법을 찾아왔습니다.

중국에서는 기원전 16세기에 질병에 따른 약초를 갑골문자로 기록해 두었으며 기원전 20세기의 이집트 파피루스에도 타임이나 쑥, 석류와 같은 약초의 효능을 기록했습니다. 또한 지금도 위장 질환에 쓰이고 있는 알로에가 당시에도 위장약으로 처방되었음을 알 수 있습니다. 이처럼 자연의학이 현대의학과 다른 점은 인위적인 화학약품이 아닌 자연에서 추출한 물질을 통해 인체의 자연치유력을 높이는 것에 초점을 둔다는 것입니다

지금까지 현대의학이 현재로는 외부로 드러난 증상을 해결하는 것에만 국한되어 있는 점과 우리 몸이 가진 자연치유력, 그리고 그 치유력을 높이기 위한 자연의학에 대해 알아보았습니다. 질병이

생겼을 때 어떤 치료를 받는지는 순전히 개인의 선택입니다.

하지만 앞서 설명했던 내용을 고려한다면 나에게 어떤 질병이 생겼을 때 병원을 100% 믿고 내 몸을 맡길 수 있을지 생각해 볼 만한 점입니다.

"미래의 의학은 현대의학과 보완의학, 대체의학이 양립되어 개별적인 의료행위를 하는 것이 아니라, 두 의학이 상호 보완하여 자연스럽게 합치되는 통합의학이 되어야 한다."

- 미국국립보건원

2. 질병은 면역기능의 저하로 발생된다

면역력은 '면역 시스템' 이라고 부르지만 면역을 담당하는 특정한 기관이 따로 있는 것은 아닙니다. 면역 시스템은 여러 기관과 세포, 물질 등으로 이루어진 협력 작용으로 볼 수 있습니다.

편도선, 가슴샘, 림프절, 맹장, 비장, 골수 등의 림프기관과 백혈구, T세포와 같은 면역세포가 몸을 공격하는 모든 위험으로부터 몸을 방어하고 침입자와 이상세포를 공격하는 수비와 공격의 역할을 합니다.

우리가 먹는 음식이나 숨 쉬는 공기, 접촉하는 모든 것에는 각종 세균과 바이러스, 기생충 등과 같은 해로운 미생물이 존재하기 때문에 이러한 외부의 침입이나 몸 안의 불필요한 노폐물, 변이 세포 등으로부터 상시 우리 몸을 보호하는 것이 면역 시스템이 하는 역할입니다.

여러 기관과 세포가 만들어내는 면역력은 피부에서부터 균까지 다양한 방법으로 몸의 항상성을 유지합니다. 가장 외부에 있는 피부는 몸을 보호하며 랑게르한스 세포(Langerhans cells)는 외부 침입을 감지하고 신호를 보내는 역할을 합니다. 내장과 폐의 점액층에서는 몸 안으로 들어온 세균을 죽이고 세포에 붙어있는 섬모는 침입 물질을 걸러냅니다. 위로 넘어온 침입 물질은 위산을 만나 처리되고 장 속의 유익균은 유해한 균을 저지하는 역할을 합니다. 요도나 방광으로 들어온 침입 물질을 몸 밖으로 배출 시키는 역할은 요액이 담당합니다.

건강한 면역 시스템은 질병을 막는다

면역 시스템은 파수꾼의 역할 이외에도 세포 건강을 유지하고 신진대사를 촉진시켜 신체의 기능저하를 막는 역할도 합니다. 따라서 튼튼한 면역 시스템을 가지고 있다면 전염병이나 알레르기성 질환에도 잘 걸리지 않고 다른 질병에 걸릴 가능성도 낮아집니다.

면역세포는 인플루엔자와 같은 병원성 바이러스나 균의 침입을 감시하며 이상세포를 정확히 가려냅니다. 그리고 바이러스에 대항하는 항체를 만들고 몸에서 변이된 이상세포를 공격하는 역할을 합니다. 또한 스트레스에 대응하는 힘을 키우고 상처나 질병으로 부터 회복하는 속도를 높입니다. 신진대사를 활발하게 하는 역할로 인해 세포 조직이 파괴되거나 노화되는 것을 막는 역할도 있습니다. 골수의 조혈간세포에 의해 만들어진 면역계 세포는 몸속의 이물질을 직접 먹어치우거나 바이러스에 감염된 세포들을 공격합니다. 암 역시 마찬가지입니다. 면역세포는 침입 물질이나 이상 세포를 발견하면 침입 물질을 파괴하거나 침입 물질의 외막을 뚫어 죽입니다. 특히 NK세포(Natural killer cell)가 암세포를 없앨 때도 퍼포린(perforin)이라는 단백질을 분비해 암세포의 외막을 뚫어 염분과 유질이 암세포를 터트려 버립니다.

우리는 암에 걸려야만 암세포가 몸 안에 있다고 생각하지만 이는 사실과 다릅니다. 우리 몸에는 약 60조 개의 세포가 있고 이 중 400억 개 정도가 매일 죽고 새로운 세포로 대체 됩니다. 그 과정에서 돌연변이 세포가 생겨나기도 하는데 이러한 변이 세포가 바로 암세포가 되므로 우리는 항상 암세포를 몸속에 가지고 있는 셈입니다. 하지만 변이 세포를 없애고 맞서 싸우는 면역세포가 있기에 암세포의 증식을 막는 것입니다. 따라서 이러한 중요한 방어 역할을 하는 면역력이 떨어진다면 암 뿐 아니라 여러 질병에 노출이 되는 것은 너무도 당연한 결과입니다.

3. 남태평양 타히티 섬에서 애용해온 노니의 자연의학

앞에서 이야기했던 내용을 알고 나면 다음과 같은 궁금증이 자연스레 생기게 됩니다. '그렇다면 부작용이 없으면서도 면역기능을 회복해 자연치유력을 높이는 데 도움이 되는 천연 물질은 어디 없을까?' 하고 말이죠.

혹시 남태평양에 낙원이라 불리는 타히티 섬에 대해 들어 보신 적이 있으신가요? 유명한 화가인 폴 고갱이 살면서 아름다운 풍경과 사람들을 그림으로 소개한 것을 계기로 유명해진 타히티는 프렌치 폴리네시아에서 가장 큰 섬으로 살아생전 고갱이 '지상 최고의 낙원'이라고 극찬한 곳이기도 합니다.

이곳에는 하나님이 주신 신비의 약초라고 불리는 모린다 시트리폴리아(Morinda Citrifolia)라는 식물이 있습니다. 뿌리와 씨앗, 꽃, 과육 심지어 나무껍질까지 약으로 쓰입니다. 약 2000여 년 전부터

이 약재를 사용해온 원주민들은 이것을 '고통을 치료해 주는 나무'라고 부를 만큼 다양한 증상에 사용합니다.

외상치료에서부터 천식, 해열, 두통, 구충, 말라리아 등 여러 증상에 널리 사용되기 때문에 이 식물이 타히티 섬의 의사라고 해도 과언이 아닙니다. 폴리네시아의 전설에도 이 식물로 살아난 영웅들의 이야기가 종종 등장합니다. 고열로 죽음의 문턱에 있던 영웅에게 '마우이'라는 신이 죽어가는 이의 몸에 이 식물의 잎을 붙여 목숨을 살렸다는 이야기도 전해집니다.

이런 기적적인 치유력을 지닌 약초가 구하기 어려울 정도로 귀한 것이라면 신이 내린 약초라고 불리지 않았을 것입니다. 모린다 시트리폴리아 나무는 척박한 환경에서도 잘 자라고 가뭄이 오래 지속되어도 생존력이 뛰어납니다. 또 염분이 많은 바닷가에서도 화산암 지대, 모래를 가리지 않고 자생하는 경우가 많습니다. 8개월만 자라도 열매를 맺고, 1년 내내 꽃이 피기 때문에 열매를 딴 후에도 계속 열매가 열려 언제나 모린다 시트리폴리아의 열매를 수확할 수 있습니다.

게다가 생명력 또한 강해서 바닷물에 흘러가 다른 섬에 자생할 정도로 번식력이 강합니다. 열매 속에는 빨간 씨앗이 잔뜩 들어있는데 씨앗 속에 공기주머니가 있어 몇 개월 동안 바다를 떠다니다가 다른 섬에서 싹을 틔우는 것이 가능하기 때문입니다.

폴리네시아의 여러 섬 이외에 하와이, 인도, 인도네시아, 말레이시아, 캄보디아, 태국, 미얀마 등의 동남아시아와 중국 남방지역과 오키나와까지 열대 기후를 지닌 지역에 넓게 퍼져 있습니다. 우리나라의 동의보감에도 이 식물을 파극천(巴戟天), 해파극(海巴戟)이라는 이름으로 부르며 기력을 증진시키고 원기를 회복하는 효능을 지닌 약초로 기록되어 있습니다.

'이렇게 신비한 약초가 있었는지 몰랐다', '모린다 시트리폴리아란 이름을 처음 들어봤다' 싶으신가요? 아니 한 번쯤은 들어보셨을 거라 생각합니다. 이 식물을 하와이에서 '노니(Noni)' 라고 부르니까요. 네, 맞습니다.

동남아나 남태평양을 여행하면 가장 많이 사오는 기념품, 바로 그 노니입니다. 주스나 캡슐, 환 등으로 만들어진 식품이나 비누, 화장품 등을 접해본 경험이 다들 한 번 쯤은 있으실 겁니다.

노니를 단순히 관광기념품, 특산품 정도로만 생각하기 쉽지만 노니는 현재 세계적으로 대체의학 연구진들의 관심을 한 몸에 받고 있습니다. 류머티즘, 근육통, 요통, 두통 등 각종 통증을 해소하고 고혈압, 당뇨, 암 등 여러 현대 질병에 도움을 준다는 사례가 밝혀지면서 수많은 과학자들이 노니를 연구하고 있습니다.

또한 미국에서는 세포 재생과 항염 기능 등 노니의 다양한 효과를 의학적으로 인정했으며 미국식품의약국(FDA)에서는 노니 주스가 인체에 안전한 식품으로 공인했습니다. 이로 인해 노니는 부작용의 위험이 높은 화학약품 치료 대신 천연물질로 치료하길 원하는 사람들에게 각광을 받고 있습니다.

노니(Noni)

-학명: 모린다 시트리폴리아(Morinda Citrifolia)

-과: 꼭두서니과(Rubiaceae)

-원산지: 폴리네시아, 인도, 말레이시아, 남동아시아, 중국, 오스트레일리아 등.

높이는 3~12m 내외로 크기가 다양하며 달걀 모양의 잎은 길이 30cm 정도이다. 꽃은 흰색의 작은 꽃이 무리지어 피며 일 년 동안 여러 번 핀다. 꽃이 지면 울퉁불퉁한 모양의 열매를 맺는데 열매가 익으면 껍질이 얇아져 투명해진다. 익은 과일은 썩은 치즈와 같은 불쾌한 향과 맛을 지닌다. 열매 안에는 갈색의 씨가 많이 들어있다.

노니는 최소한 1500년 전에 인도와 그 주변 지역에서 동쪽으로 전파되었으며 하와 이와 타히티 등 태평양 군도에서 자생한 것으로 알려져 있다. 한 기록에 따르면 마르케사스(Marqueses)섬에서 온 이민자들이 노니를 가져왔으며 옷감의 염료와 의료용으로 사용했다고 전해진다.

노니는 지역에 따라 다양한 이름으로 불린다. 하와이 섬에서는 '노니', 타히티 섬에서는 '노노', 사모아에서는 '누누', 동남아시아에서는 '느하우', 말레이시아에서는 '멩쿠두', 중국에서는 '바지티안', 카리브 해안지방에서는 '진통제 나무', 인도에서는 '인도뽕나무', 오스트레일리아에서는 '치즈 나무'라고 불린다.

　노니는 다양한 용도로 사용되었으나 대부분은 의료용으로 많이 사용됐다. 그 부위도 뿌리에서 잎, 줄기, 열매, 꽃까지 안 쓰이는 부위가 없었다. 노니 뿌리는 통증 완화제와 해열제, 혈압을 낮추는 용도로 사용했으며, 잎은 즙을 내어 상처에 바르는 소염제와 강장제로도 쓰이기도 했다. 줄기는 지혈제로 사용했고 꽃은 눈의 염증을 치료하는데 사용했다. 열매는 황달, 말라리아, 인후통, 패혈증, 이질, 자궁출혈, 치은염, 당뇨, 간질환, 관절염에 사용하기도 했다.

노니를 먹는 방법도 다양해서 피지에서는 노니 열매를 날것으로 먹었으며 필리핀 사람들은 잼을 해서 만들어 먹었다. 인도에서는 덜 익은 열매를 커리에 넣고 익은 과일은 소금에 찍어 먹었다고 알려져 있다.

4. 현대의학에서 밝혀진 약효 성분의 보고

노니의 의학적인 가치에 대해 가장 활발한 연구를 진행하고 있는 곳은 주로 영국, 프랑스, 미국, 일본 등과 같은 의료 선진국입니다. 그 중에서도 최고의 의과대학으로 알려져 있는 영국 런던 유니언 대학, 프랑스 미트 대학, 미국 스탠포드 대학, 캘리포니아 주립대학, 하와이 대학과 같은 곳에서 노니에 대해 연구하며 그 효능을 밝혀내고 있습니다.

대학 연구진 이 외에도 전 세계의 의료진들이 노니의 임상 결과를 발표하며 노니의 천문학적인 의학적 가치를 주장하고 있습니다. 노니의 가장 놀라운 점은 일정 질병에만 작용한다거나 한 두 가지의 효과에 그치는 것이 아니라 다양한 병리에 광범위하게 적용이 가능하다는 점입니다.

염증과 통증, 심장병과 고혈압, 암, 면역질환 등 다양한 질환에 효과를 보인다는 것은 노니가 인체의 전반에 걸친 기능 향상과 면역력 증진 등 건강의 기본적인 조건 조성에 영향을 준다는 것으로 해석할 수 있습니다.

노니의 놀라운 효능은 노니에 들어있는 성분에서 그 이유를 찾을 수 있습니다. 노니는 비타민과 단백질, 풍부한 미네랄 등 6대 영양소와 165종의 각종 영양소가 들어 있습니다.

노니가 주로 화산 지대에 서식하기 때문에 이처럼 다채로운 영양소를 가질 수 있는 것입니다.

뿐만 아니라 노니에는 제로닌(Xeronine), 아답토젠(Adaptogen), 이리도이드(Iridoids)와 같은 성분들이 들어있어 노니라는 한 가지 약초로도 다양한 병증에 도움을 주며 질병을 예방하며 건강을 유지할 수 있습니다.

노니에서 세포를 재생하는 제로닌을 발견하다

제로닌(Xeronine)은 노니의 주성분으로 세포를 생성하고 항염 작용에 도움을 주는 물질로 알려져 있습니다. 1957년 하와이 대학교의 랄프 하이니케(Dr. Ralph Heiniche)박사가 발견한 제로닌은 식물성 알카로이드 성분인 활성 알카로이드로 건강한 세포에서 발견할 수 있는 물질입니다.

1950년대에 랄프 하이니케 박사는 하와이의 파인애플 연구소에서 파인애플에 들어있는 브로멜라인(Bromelain)이라는 단백소화 효소를 발견해 분리를 하게 됩니다. 그는 처음에는 그 효소가 대단한 것이라고 생각하지 않았지만 다른 연구자들이 브로멜라인의 추출물에서 약리 효과가 있다는 사실을 밝혀내자, 다시 한 번 이 성분을 분석해 브로멜라인을 분리하고 정제하는 과정에서 약리효과를 내는 물질이 제거되었으며 브로멜라인 추출물에 약리작용을 하는 다른 물질이 있다는 결론을 내립니다.

랄프 하이니케 박사는 그 성분을 밝히기 위해 몇 년 간 연구를 거듭해 제로닌(Xeronine)의 전구물질을 밝혀내고는 프로제로닌(Proxeronine)이라는 이름을 붙입니다. 그리고 브로멜라인이 만성통증, 암, 관절염 등의 여러 질환에 효과가 있다는 임상결과와 노니의 효험이 일치하는 것에 주목하고 노니로 관심을 돌립니다.

결국 랄프 하이니케 박사는 프로제로닌을 프로제로나아제(Proxeronase)라는 효소로 처리해 노니에서 알카로이드인 제로닌을 추출하는 데 성공합니다.

제로닌은 단백질이 활동하는 데 꼭 필요한 물질로 우리 몸 안에서 세포가 정상적인 기능을 하기 위해서 꼭 필요한 물질입니다. 세포 속의 단백질에는 제로닌의 수용체가 있어 제로닌이 있어야만 영양분의 흡수율이 높아지고 세포의 건강이 유지됩니다.

하지만 잘못된 생활습관과 스트레스, 혹은 노화로 제로닌이 충분히 생성되지 못하면 세포의 기능이 떨어지면서 기능 이상과 질병으로 이어집니다. 바로 이런 역할을 하는 제로닌이 몸에서 만들어지기 위해서는 전구물질인 프로제로닌이 필요한데, 그동안은 이러한 프로제로닌이 많이 들어있다고 알려진 식물이 파인애플이었습니다. 그런데 노니는 파인애플에 비해 40배 가까운 프로제로닌을 함유하고 있다는 것이 밝혀져 큰 주목을 끌었습니다.

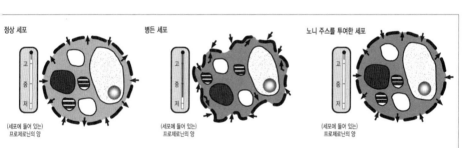

정상 세포　　병든 세포　　노니 주스를 투여한 세포

(세포에 들어 있는) 프로제로닌의 양　　(세포에 들어 있는) 프로제로닌의 양　　(세포에 들어 있는) 프로제로닌의 양

노니 주스에 들어 있는 프로제로닌이 병든 세포의 기능을 정상화시키는 과정

기력을 회복시키는 아답토젠 기능

노니의 또 다른 놀라운 성분은 아답토젠(Adaptogen)입니다. 아답토젠은 식물의 천연 강장 물질을 말하는데 1940년에 러시아의 니코라리 라카에브 박사가 처음으로 효과를 입증했습니다. 신경

보호 작용에 대한 연구를 하던 도중 스트레스 환경에 대한 적응력을 높이는 것이 아답토젠 성분 때문이라는 사실을 발견하게 됩니다. 아답토젠은 인삼이나 홍삼 등의 약용식물을 떠올리시면 쉽게 이해가 되실 겁니다. 여러 가지 허브를 가지고 치료하는 전통 치료법인 아유르베다에서도 이러한 아답토젠 효과를 가진 허브들을 사용합니다.

아답토젠은 인체 기능의 균형을 맞추고 정상화 시키려는 항상성을 유지하는데 도움이 됩니다. 쉽게 말해 대부분의 질병은 정상범위를 벗어나 신체 균형이 깨지면서 발생하는데 이를 정상범위로 조절하려는 힘을 높여준다는 뜻입니다.

아답토젠은 인체의 균형 뿐 아니라 환경오염, 스트레스, 잘못된 식습관으로부터 몸을 지키는 신체 방어력을 높여주는 기능도 있습니다. 때문에 안으로는 기능을 정상화 시키고 밖으로는 스트레스 환경으로부터 몸을 보호하는 양방향 작용으로 건강을 회복시키는 강력한 기능을 하는 물질입니다.

노니의 아답토젠 효과로 인해 혈압이 낮은 경우에는 정상범위로 끌어올리고, 혈압이 높은 경우에는 낮춰줍니다. 또 노니 제품을 꾸준히 섭취한 흡연자 그룹에서 좋은 콜레스테롤 수치가 정상화 되는 임상 실험 결과에서도 아답토젠 효과를 확인할 수 있습니다.

5. 이리도이드의 중요한 면역작용에 비밀이 있다

식물은 움직일 수 없기 때문에 동물과 곤충의 공격에 노출되어 있습니다. 그렇다고 속수무책으로 당하는 것은 아닙니다. 식물은 상처가 나면 액체 물질이 분비되는데 식물 화학물질인 이것은 외부의 공격을 저지 하는 동시에 스스로를 치료하는 약물효과도 있습니다. 육식개미류를 부르는 '이리도미르멕스(Iridomyrmex)' 라는 이름이서 따온 이리도이드(Iridoids)는 바로 식물이 개미들의 공격에 대항해 분비하는 물질에게 붙여진 이름입니다.

식물의 종류에 따라 이 분비물질은 약물 효과를 지닙니다. 강력한 약성을 지녔다는 침향 역시 침향나무에 난 상처에서 흘러나온 진액으로 그 치유력 때문에 1g에 수백만 원을 호가하며 한 덩어리에 수억 여원에 거래되고 있는 것입니다. 이 식물 화학물질은 플라

보노이드, 리그닌, 쿠마린, 사포닌, 안트라퀴논 등의 성분이며 노니
에서 발견되는 이리도이드 역시 방어와 치유의 효과가 뛰어난 물
질입니다.

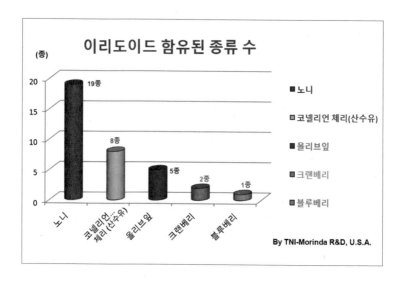

이리도이드 함유된 종류 수

노니의 이리도이드 성분을 발견해 분리한 사람은 로스카 라반드
박사로 1960년에 노니 속에 풍부하게 들어있는 이리도이드 성분이
인체에 흡수될 경우 신체 정상화에 도움을 준다는 사실을 밝혔습
니다. 또한 그 이후로 이리도이드의 신체 활성화 기능에 대해서
1,000여 편이 넘는 논문들이 발표되어 노니의 이리도이드 효능을
입증하고 있습니다.

44

세포 재생에서 심장 건강까지 다양한 효능

이리도이드 연구에서 밝혀진 효능은 여러 가지가 있지만 대표적으로 세포 재생, 항염, 유해활성산소 제거, 콜레스테롤 조절, 심장 건강 향상, 스태미나 증진, 두뇌활동 증가, 면역력 증진 등을 꼽을 수 있습니다.

이리도이드의 가장 잘 알려진 효능은 바로 세포 재생 능력입니다. 질병의 원인이 외부에서 침투하는 경우도 있지만 그 중의 상당 수는 몸 속 세포의 변형이나 돌연변이 때문에 발생합니다. 암 역시 세포의 변형으로 인해 발생되는 대표적인 질병입니다. 이리도이드로 세포의 재생능력이 높아지면 정상적인 세포가 늘어나면서 그로 인한 질병이 감소되는 효과가 생깁니다. 뿐만 아니라 이리도이드는 외부의 위협으로부터 우리 몸을 보호합니다. 바이러스가 침투해 염증이 생기는 경우에도 해당 부위를 신속하게 재생시킴으로써 뛰어난 항염기능을 합니다.

이리도이드가 심장 건강을 지켜 주는 것 역시 유해 활성산소 제거 능력과 콜레스테롤 조절 능력과 연관이 있습니다. 대부분의 질병과 깊은 연관이 있는 것으로 알려진 유해 활성산소는 생체조직을 공격하고 세포를 손상시키는 인체 유해 물질입니다. 활성산소는 혈액순환 장애, 스트레스, 환경오염물질, 화학물질, 자외선 등에 의해 과잉 생산된 산소가 체내 산화작용을 일으킵니다.

이러한 산화작용은 가장 먼저 DNA나 세포막과 같은 세포의 구조를 무너뜨리고 핵산 염기를 변형시키거나 분리함으로써 돌연변이 세포를 만들고 노화와 각종 질병을 유발하는 결과를 가져옵니다. 이리도이드는 활성산소를 제거하며 세포의 재생을 돕기 때문에 활성산소에 의해 발생되는 질병을 완화시키는 역할을 합니다.

콜레스테롤을 조절하는 이리도이드

이리도이드는 콜레스테롤을 조절하는 역할도 합니다. 콜레스테롤이란 일정 수준 이상 섭취하면 혈관을 막고 또 비만을 유발하는 물질이지만 인체 생명활동에 필요한 지질 중 하나입니다. 대사 활동이 원활하다면 자연적으로 연소되지만 대사량이 충분하지 않으면 연소되지 않아 몸에 쌓이게 되는데, 이리도이드가 대사활동이 활발해지도록 도와 콜레스테롤을 연소해 균형을 맞추는 역할을 하는 것입니다.

이리도이드의 이러한 역할이 심장 건강과도 연결이 되는 이유는 심장의 기능은 심혈관과 가장 연관이 깊고, 이리도이드가 심혈관 건강을 돕기 때문입니다. 앞서 언급한 활성산소와 콜레스테롤은 혈관 건강을 망치는 주범으로 심혈관을 망치는 원인을 제거함으로

써 심장과 심장혈관의 건강을 유지할 수 있도록 돕습니다.

현대의학으로 밝혀진 노니의 유효 성분

활성인자 Activators
아세틴 글루콥 Acetin Glucop
앨라닌 Alanine
아르기닌 Arginine
알카로이드 Alkaloids
앨자린 Alzarin
안트라퀴논 Anthraquinone
아스파르테이트 Aspartate
바이오플라보노이드 Bioflavonoids
카프릴릭 산 Caprylic acid
카프로 산 Caproic acid
카로테노이드 Carotenoid
탄산염 Carbonate
클로루빈 Chlorubin
코펙터 Cofactors
시스테인 Cysteine
시스틴 Cystine
담나간탈 Damnacanthal
효소 Enzymes
글루코피라노스 피에이 Glucopyranose PA
글루타메이트 Glutamate
글리신 Glycine
글리코사이드 Glycosides
히스티딘 Histidine
철분 Iron
이소류신 Isoleucine
류신 Leucine
라이신 Lysine
마그네슘 Magnesium
메티오닌 Methionine

MM-MA-R 글루콥 MM-MA-R Glucop
모린다디올 Morindadiol
모린딘 Morindin
모린돈 Morindone
다량수용활성체 Multi-receptor
노르담나칸탈 Nordamnacanthal
페닐알라닌 Phenylalanine
인 Phosphate
식물성 스테롤 Plant Sterols
프롤린 Proline
단백질 Protein
프로제로닌 Proxeronine
루비아딘 MME Rubiadin MME
스코폴레틴 Scopoletin
세린 Serine
세로토닌 Serotonin
세로토닌 전구 Serotonin Precursors
시토스테롤 Sitosterol
나트륨 Sodium
소란지돌 Soranjudiol
테르펜 Terpenes
트레오닌 Threonine
미량원소 Trace elements
트립토판 Tryptophan
티로진 Tyrosine
어솔릭산 Ursolic Acid
발린 Valine
비타민 Vitamins
제로닌 Xeronine

신체 균형을 맞추어 면역력 증진

면역이란 몸의 기능이 원활하게 작동하며 균형을 유지해 질병이 생기지 않도록 방어하는 힘을 말합니다. 이리도이드는 인체의 불균형을 해소해 질병을 방어하는 면역력을 높입니다. 특히 외부의 위협에 대항하는 물질인 만큼 기본적인 항염 기능을 가지고 있기 때문에 내부의 장기나 관절에 생긴 염증이나 외부에 생긴 상처에 신속하게 대응할 수 있게 합니다.

인체의 면역 기능은 다양한 스트레스 때문에 취약해지기도 하는데, 이리도이드의 작용으로 외부 자극에 대한 대항력이 높아지면 자연스럽게 스태미나가 높아지면서 몸에 활력이 생기게 됩니다.

전 세계 의학계가
증명한
노니의 기적

전 세계적으로 대체의학에 대한 관심이 높아지는 이유는 사람이 화학적으로 합성한 약보다 부작용이 적은 천연물질이 있다는 믿음 때문입니다. 미국의 국립암연구소(The National Cancer Institute, NCI)는 이미 1990년부터 항암 효과가 있는 천연 식품을 찾는 '디자이너 푸드 프로그램(Designer Food Program)'을 실시했습니다. 국립위생연구소(NIH) 역시 1992년에 대체 의료실을 만들어 당뇨나 알레르기 등 여러 질병에 대해 효과를 나타낼 물질을 찾기 위해 유명한 의과대학에 연구비를 지원하는 등의 노력을 기울여 왔습니다. 이웃나라인 일본 역시 대체의학 연구 학회가 설립되면서 세상 어딘가에 있을 천연 치료제를 찾는데 높은 관심을 기울였습니다.

이러한 분위기 속에서 알려진 노니의 존재는 과히 열광적인 반응을 불러일으킬 수 밖에 없었습니다. 이미 2000여 년 이란 세월 동안 각종 질병의 치료제와 진통제로 사용을 해왔던 노니이기에 그 효능은 검증이 된 것이나 마찬가지였습니다. 현대 과학자들은 노니를 본격적으로 연구하기 시작했습니다. 그리고 의학적으로 내성이나 부작용이 없는 물질이며 다양한 분야에서 폭 넓게 치료 효과를 볼 수 있는 물질임을 증명했습니다.

1. 과학자들에 의해 밝혀진 노니의 효능

가장 대표적인 연구는 생리학자이자 의학자인 닐 솔로몬 (Dr. Neil Solomon. MD. RH.D)박사의 주도 하에 이루어 졌습니다. 1997년부터 1998년에 걸쳐 타히티 산 모린다 시트리폴리아를 섭취한 8,000명 이상의 사람들을 대상으로 그들의 증상과 그 효과를 연구해 발표했습니다.

결과는 놀라웠습니다. 약 78%에 해당되는 사람들이 효과를 보았고 그 중에는 암이나, 심장질환 같은 중증 질환도 포함되어 있었으며 비만이나 수면장애, 우울증, 스트레스 해소에도 효과가 있었습니다.

닐 솔로몬 박사는 이 연구 결과를 보고는 이렇게 다양한 조건을 지닌 사람들이 지닌 100가지가 넘는 서로 다른 건강상의 문제들을 어떻게 모린다 시트리폴리아라는 한 가지 식물이 다 해결할 수 있을까라는 의문점이 생길 정도였습니다.

그는 현지인들이 신이 내린 기적의 과일이라는 이름으로 부르는 것에 동의를 할 수 밖에 없었으며 이 놀라운 과일에 경이감을 느꼈다고 소감을 밝히기도 했습니다.

닐 솔로몬 박사는 노니가 면역계통에 작용해 손상된 세포를 재생하고 세포 기능을 활성화 시키면서 몸의 자정능력을 높이는 효능이 있다는 연구결과를 발표했습니다.

효 과	노니를 섭취한 사람	효과를 본 경우
암 증상 완화	847명	67%
심장질환 증상 완화	1,058명	80%
뇌졸중	983명	58%
제2형 당뇨	2,434명	83%
고혈압	721명	87%
관절염 증상 완화	673명	80%
두통 외 통증 완화	3,785명	87%
알레르기 증상 완화	851명	85%
소화기능 향상	1,509명	89%
호흡기능 향상	2,727명	78%
신장 기능 향상	2,127명	66%
스트레스 저항력	3,573명	71%

주의력 향상	2,538명	73%
안정된 감정상태 유지	3,716명	79%
머리가 맑아짐	301명	89%
수면장애 개선	1,148명	72%
우울증 완화	781명	77%
자양강장	7,931명	91%
성기능 향상	1,545명	88%
근력 향상	709명	71%
비만 감소	2,638명	72%
금연 효과	447명	58%

출처: 닐 솔로몬 박사 연구 발표

캘리포니아주 자연요법협회의 쉐크터 박사는 모린다 시트리폴리아에 대해 연구하며 여러 임상치료에 적용한 결과 ①질병과 싸우는 중요한 역할을 하는 면역계의 T세포가 만들어지도록 돕고 ②대식세포(마크로파지)와 림프구 등 면역을 증진시키며 ③변형된 이상세포를 정상적으로 회복시키는 기능이 있어 암이 진행되는 것을 막는다는 결론을 내리게 됩니다.

저명한 식물학자인 이자벨 애보트(Dr. Isabella Abbott)박사는 1992년에 모린다 시트리폴리아에 고혈압과 당뇨, 암 등을 억제하는 효과가 있다는 연구를 발표했습니다. 이러한 효능은 1993년 하와이 대학의 연구진에 의해서 치유력을 지닌 영양분인 식물영양소와 관련이 있으며 모린다 시트리폴리아의 성분 중 하나인 스코폴레틴이 혈관을 확장하는 기능이 있다는 것이 확인된 바 있습니다.

2. 고혈압과 스코폴레틴 성분

하와이 대학 연구팀에 의해 처음으로 분리 추출된 스코폴레 틴(Scopoletin)은 혈관을 확장시키는 작용을 해 혈압을 정상 수준 으로 조절하는 효능이 있다는 것이 밝혀졌습니다. 이후 하와이 대 학 외에도 미국의 스탠포드 대학과 UCLA, 영국의 유니온 칼리지, 프랑스 미트 대학 연구팀에서 모린다 시트리폴리아가 고혈압의 정 상화에 효과가 있다고 인정하고 있습니다.

고혈압 그 자체로 질병이라고 보기 힘들지만 여러 혈액순환계의 문제와 더해져 생명에 위협을 가하는 증상입니다. 고혈압을 가진 경우에는 뇌졸중에 걸릴 확률이 7배나 높고, 심장마비에 걸릴 확률 은 정상혈압을 가지고 있는 사람에 비해 4배나 높습니다. 고혈압을 가진 경우에 혈관이 파열되기 쉬운데 뇌에 있는 소동맥이 파열되면 뇌졸중이 일어납니다. 또한 콜레스테롤이 동맥을 막는 속도를 가속화 시켜 심장마비나 협심증을 일으킬 수 있습니다. 만약 신장 혈관에 쌓이면 신부전증이 나타나며 뇌혈관에 쌓이면 뇌졸중으로 이어집니다.

언제 어디서 터질지 모르는 시한폭탄과도 같은 고혈압 증상이 노니 주스를 음용하면서 효과를 보인 사례는 과거 노니를 통해 치료를 했던 원주민의 역사적인 기록에서부터 현대의 임상실험에서까지 다양하게 찾아볼 수 있습니다.

3. 플라시보 효과의 의혹을 벗다

고혈압 환자에게 노니를 섭취하게 한 뒤 혈압이 정상이 돌아온 경우는 여러 의사들을 통해 보고된 바 있습니다. 메릴랜드의 모니카 해리슨(Dr. Monica Harrison) 박사는 170/100의 혈압을 가진 환자에게 두 달 동안 노니를 섭취하도록 했더니 130/80인 정상치로 혈압이 내려왔다고 보고했으며, 뉴욕의 스콧 거슨(Dr. Scot Gerson) 박사 역시 고혈압에 작용하는 노니의 효능을 14주간의 임상실험을 통해 확인했습니다.

스콧 박사는 고혈압 여성 환자 3명, 남성 환자 6명을 대상으로 노니의 효능을 확인한 임상실험을 진행했는데, 특이한 점은 노니를 투여한다는 사실을 환자들에게 알리지 않은 채 진행했다는 점입니다. 효과가 있는 약이라는 사실을 아는 것만으로도 병세에 차도를 보이는 플라시보 효과를 배제한 상태에서 결과를 도출하기 위해서였습니다.

결과는 실험에 참여한 9명의 환자 중 8명의 혈압이 떨어진 것으로 나타났으며 평균적으로 최저 4%에서 최고 7.5%까지 혈압 저하를 보였습니다.

또한 노니를 섭취하지 않으면 다시 혈압이 올라갔으며 다시 노니를 섭취하면 혈압이 정상범위로 돌아가기 때문에 혈압을 조절한 것이 노니의 효능이었다는 사실을 입증하고 있습니다.

노니가 고혈압에 효능을 보이는 이유는 혈관을 확장시켜주는 스코폴레틴 성분 외에도 산화질소의 생성을 촉진시키고 비정상적인 혈관을 재생하는 역할을 하기 때문입니다. 산화질소는 혈관벽을 유연하게 만들어 혈압을 내려주는 역할을 할 뿐 아니라 심혈관계에 도움을 줍니다.

하와이 대학의 앤 히라즈미(Dr. Anne Hirazumi) 박사는 노니의 추출물이 내피세포의 산화질소 생산을 증가시킨다는 연구 결과를 발표해 이를 입증했습니다. 또 노니를 섭취해 제로닌 시스템이 활성화 되면 딱딱해지고 굵어진 비정상적인 혈관을 건강한 혈관으로 재생시켜 주는 역할을 하기 때문에 고혈압을 정상 혈압으로 떨어트리는 데 도움이 되는 것으로 알려져 있습니다.

MBN〈천기누설〉프로그램에서 건강을 지켜주는 특별한 비법으로 노니로 고혈압을 극복한 윤진영(50세)씨의 사연이 소개됐다. 윤 씨는 노니를 섭취하기 전 혈압은 174/80으로 고위험군의 고혈압환자였고, 일주일에 3일은 거의 누워 지낼 정도로 일상생활에 어려움을 겪고 있었다.

그녀가 노니를 음용하게 된 것은 당뇨 합병증으로 신장이식 수술도 받은 남편 때문이었다. 투석을 받으면서 염증이 생겼던 남편이 먼저 노니를 먹으면서 크게 차도를 보였기 때문에 고혈압 증세로 힘들어하던 윤 씨도 노니 주스를 음용하기 시작한 것. 노니 주스를 마신 후로는 혈압이 정상수준으로 떨어져 평상시에도 노니 주스를 챙겨 마시고, 노니 파우더를 음식에도 뿌려먹는 식습관을 갖게 되었다고 한다.

출처 : MBN 천기누설

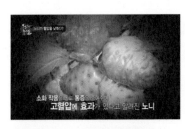

4. 호르몬 균형과 노니

또한 스코폴레틴은 뇌를 편안하게 만들고, 뇌와 관련된 호르몬인 세로토닌과도 밀접한 관련이 있는 것으로 밝혀졌습니다. 노니가 수면호르몬인 멜라토닌의 분비를 촉진하며 뇌의 뒤쪽에 자리 잡고 있는 송과체(epiphysis cerebri, 松果體)의 활동에도 영향을 끼치는 것으로 알려졌습니다. 송과체의 활동이 촉진되면 체온, 배란, 기분 등을 조절하는 호르몬의 분비를 도와 정상적인 생체리듬을 찾을 수 있게 됩니다.

어두워지면 잠이 오는 것은 멜라토닌이라는 수면호르몬에 의한 작용인데 이 호르몬의 이상으로 충분한 숙면을 취하지 못하면 건강에 영향을 미칩니다. 하지만 노니를 섭취하면 세로토닌에서 멜라토닌의 합성이 촉진되면서 숙면을 취할 수 있게 됩니다.

5. 통증과 노니

예로부터 노니는 온갖 통증에 사용해왔습니다. 그래서 '두통 나무', '진통 나무'라는 별칭으로 불리기도 했습니다. 노니에 들어 있는 제로닌(Xeronin) 성분은 통증을 일으키는 뇌기능을 정상화시켜 호르몬의 엔도르핀 수용체에 작용을 합니다.

미국 FDA 소속 연구자인 조세프 베츠(Dr. Joseph Betz) 박사는 노니의 뿌리가 진정효과 및 진통효과를 가지고 있다고 보고했습니다.

뿐만 아니라 프랑스 미트 대학의 약리학연구실 역시 노니에 중추신경 진통효과가 있다는 발표를 국제피크노제놀 심포지엄에 진행하기도 했습니다. 그 연구에 의하면 노니의 진통 효과는 모르핀 황산염의 75%에 해당하지만 중독성이 없는 것이 특징이었습니다.

또한 쉐크터 박사는 노니 추출물을 생쥐에 투여한 결과 중추신경 진통작용을 확인할 수 있었으며 독성이나 중독성 있는 유해 물질에 의한 진통작용이 아님을 확인하기도 했습니다.

6. 염증억제와 노니

항생제라는 것이 없던 시절에는 염증 때문에 생명을 잃는 경우도 흔했습니다. 일상생활에서 또는 전쟁터에서 상처를 입은 사람들은 염증을 치료하기 위해 여러 약초들을 사용하기도 했습니다.

노니를 여러 병중에 사용했던 원주민들 역시 염증을 억제하고 치료하는 데에도 노니를 활용했습니다. 전쟁 중에 깊은 상처를 입은 영웅이 노니 때문에 목숨을 구했다는 이야기가 전해 내려오기도 합니다.

노니는 염증을 억제하고 항히스타민제(알레르기에 사용하는 약)로 사용하기에도 손색이 없습니다. 이미 여러 문헌에서도 관절염이나 알레르기 증상에 노니를 사용한 결과 증상이 호전되었다는 예시를 많이 찾아 볼 수 있습니다.

EBS 다큐프라임 〈900개의 영혼, 파푸아뉴기니〉에서는 생활 속에서 노니 나무를 활용하는 원주민의 모습이 소개되었다. 국토의 70%이상이 빽빽한 열대우림으로 이루어진 파푸아뉴기니, 그곳의 원주민들은 조상들이 그랬듯 귀한 것들을 자연으로 부터 얻는다.

세픽강 인근에 사는 카로스족의 에노스트 씨는 오늘 노니 나무 열매를 따서 머리를 감을 예정이다. 이곳 말로 '숨비야' 라는 이름을 가진 노니는 서구에서도 잘 알려진 귀한 열매로 현대의학에서는 비타민과 미네랄이 풍부해 노화 방지와 면역력에 도움이 된다고 알려져 있다. 이곳 사람들에게도 노니는 '신이 주신 열매' 로 통한다.

잘 익은 노니 열매를 으깨고 코코넛 오일을 섞어 머리카락에 바르는 것이 유난히 탐스럽고 긴 머릿결을 가진 카로스족의 비법이다. 이들은 수천 년 전부터 이 방법을 사용해 왔다. 어릴 때 머리카락이 짧고 많지 않던 에노스트 씨는 이 비법을 통해 풍성하고 윤기 나는 머리카락을 갖게 됐다고 설명했다.

출처 : EBS 다큐 프라임

7. 관절염으로부터 해방

노니로 인해 만성척추신경통으로 고통 받던 환자들의 통증이 줄고, 관절염 때문에 생활에 지장을 받았던 환자는 현저하게 통증이 완화되었다는 사례를 심심찮게 찾아 볼 수 있습니다. 노니를 섭취한 뒤 관절염 환자 중 80%가 통증이 줄었다고 응답하기도 했습니다. 특히 변형성 관절염을 앓고 있는 경우에는 특히 심한 통증이 동반되는데 20년이 넘도록 이 병을 앓아온 한 환자는 노니를 섭취한지 3일 만에 통증 없이 걸을 수 있게 되었다고 합니다.

8. 암과 싸우는 노니

암은 한 마디로 표현하면 세포들 간의 전쟁입니다. 약 60조 개의 세포로 이루어진 우리 몸은 늙은 세포가 새로운 세포로 교체되는 사이클을 유지하면서 생명을 유지하는데, 어떤 이유로 이상세포가 무제한으로 증식하며 몸을 잠식해나가는 것이 바로 암입니다.

사실 비정상적인 암세포는 평소에도 수시로 생겼다 사라지는 과정을 반복합니다. 소량의 암세포는 면역체계라는 군대에게 저지당해 사라지지만 암세포가 더 우월하거나 면역체계가 약해질 경우에는 면역이라는 방어벽이 깨지면서 기하급수적으로 암세포가 늘어나게 됩니다. 따라서 암은 비정상적인 세포를 치료하거나 없애고 면역기능을 강화하는 것으로 증상이 완화될 수 있습니다.

면역 시스템은 무척 복잡한 과정이 서로 얽혀있어 노니가 어떻게 면역기능을 강화시키고 그 결과 암 증상이 완화되는지 완벽한 과정을 알아내기란 쉽지 않습니다. 하지만 노니의 성분이 암에 대항할 수 있는 물질을 생성하고 활성화 시킨다는 사실은 여러 연구를 통해 알려졌습니다.

1992년 미국암연구학회에서는 노니가 항암효과를 나타냈다는 연구가 발표되었으며 하와이 대학의 앤 히라즈미(Dr. Anne Hirazumi) 교수는 동물실험을 통해 노니가 항암효과가 있다는 연구결과를 꾸준히 발표했습니다. 노니가 PEC(복막적출세포)의 방어세포들을 활성화 시켰으며 암세포를 파괴하는 거대 식세포의 생산과 활성을 증가시켜 항암효과를 보이는 것을 발견했습니다.

또한 1999년 일리노이 의과대학의 연구진 역시 노니 주스가 항암효과가 있다는 연구결과를 발표하기도 했습니다. 대표적인 노니 연구자인 닐 솔로몬(Dr. Neil Solomon) 박사 역시 900명이 넘는 암 환자가 노니의 효능을 경험했다는 자료를 발표했습니다. 노니를 음용한 암 환자 중에서 65%가 암이나 항암치료의 부작용으로 생긴 통증이 줄어들었다고 대답했으며 소화와 배변기능이 정상적으로 돌아왔으며 식욕도 돌아왔다고 대답한 환자들도 있었습니다.

노니에는 제로닌(Xeronin)과 우리 몸에서 제로닌으로 합성되는 프로제로닌(Proxeronin) 성분이 들어있어 비정상적인 세포를 치료하고 세포가 정상기능을 유지할 수 있도록 돕습니다. 또 노니로 인해 산화질소가 많이 생성되어 면역계에 이로운 작용을 할 뿐 아니라 병원균의 DNA 합성을 억제해 병원균을 제거하는 역할도 합니다. 또한 면역세포간의 신호전달 물질인 인터루킨이 증가되어 면역계의 B세포의 항체 생산, T임파구 활성화, NK세포(Natural Killer Cell)의 세포독성을 증가시키는 등의 작용을 통해 우리 몸이 암을 스스로 치료할 수 있도록 돕습니다.

9. 암과 밀접한 활성산소를 없애는 노니

노니에 풍부하게 들어있는 이리도이드(Iridoids)는 뛰어난 유해 활성산소 제거 능력을 지니고 있는데 이 활성산소는 암과도 깊은 연관이 있습니다. 60조 개의 세포에는 산소를 에너지로 바꾸는 미토콘드리아라는 발전소가 있는데 이 발전소의 산업폐기물로 비유될 수 있는 물질이 바로 활성산소입니다.

활성산소는 적혈구가 비장에서 NK세포에 의해 파괴될 때, NK세포가 세균을 죽일 때, 스트레스 호르몬이 분비될 때, 외부에서 침투한 유해물질에 의해서도 발생하는 것으로 알려져 있는데 쉽게 말해 우리 몸 자체에서 만들어지는 독소라고도 할 수 있습니다. 1956년 미국 네브래스카 대학(University of Nebraska)의 P.하만 박사는 활성산소가 동맥경화나 암과 같은 성인병과 관련이 있다는 연구결과를 발표하기도 했습니다. 이러한 활성산소는 세포 속에 있는 암 유전자를 촉진시켜 정상세포를 암세포로 바꾸는 역할을 하게 됩니다. 활성산소가 많아지면 몸속의 호르몬이나 효소 작용이 둔화되고 세포막과 장기를 손상시키기도 합니다.

■ 하와이 대학의 항암효과 연구

1994년 하와이 대학의 연구팀은 암세포에 감염된 쥐를 이용해 노니의 항암효과에 대한 실험을 진행했다. 암세포를 지닌 한 쪽 그룹에만 노니를 투여한 결과 노니를 투여한 쥐의 절반이상이 50일 이상 살아남았다. 반대로 노니를 투여하지 않았던 그룹은 9~12일에 걸쳐 전 개체가 사망했다. 노니를 투여한 쥐들은 평균적으로 노니를 투여 받지 못한 쥐들에 비해 105~123% 오래 살았다. 이러한 방법으로 반복적인 실험을 한 결과 역시 동일했다.

■ 게이오 대학의 항암효과 연구

1993년 우메자와 교수는 암세포를 이식한 쥐에게 노니 성분의 먹이를 주는 연구를 진행했다. 특히 노니의 성분인 담나칸솔의 기능에 주목했다. 담나칸솔은 발암유전자의 효능을 억제해 암세포를 정상세포로 회복시키는 기능을 지닌 성분으로 밝혀졌다. 이 실험 결과 두 그룹의 쥐 중에서 노니의 담나칸솔 성분을 섭취한 쥐는 그렇지 않은 쥐에 비해 130~140%까지 생존율이 늘어났다.

PART **3**

내 몸을
바꾸는
노니 건강법으로
건강을 지키자

1. 질병의 치유에는 독이 빠져야 회복 된다

질병이 생긴 곳이 우리 몸이기 때문에 자연치유력을 높이기 위해 바꾸어야 하는 것도 바로 현재 몸의 환경입니다. 질병이 복합적이고 다양한 원인으로 인해 발생했다고 하나 근본적으로 본래의 치유력을 되살릴 수 있는 기본적인 영역에서 변화가 시작되어야 하기 때문입니다. 성공적인 농사를 위해서 제일 먼저 좋은 토양을 가꾸는 데 힘을 쏟는 것과 같은 이치입니다.

질병을 치료할 수 있는 몸을 만들기 위해서는 가장 먼저 몸 안의 해로운 성분, 즉 독(毒,toxin)을 제거하는 과정이 필요합니다. 따라서 '독을 제거하다' 는 뜻을 지닌 디톡스(detox)가 가장 우선적으로 행해져야 합니다. 독은 질병을 유발하는 가장 대표적인 원인이기 때문입니다.

일반적으로 간염, 위염 등 염증과 관련된 질병이 많다는 것은 잘 알고 계실 겁니다. 염증은 특정 부위가 빨갛게 부어오르고 통증이 생기는 것이 특징인데요. 사실 염증은 그 자체가 문제인 것이 아니라 몸이 독을 해결하려는 과정에서 발생하는 증상이라고 보는 것이 맞습니다. 특정 부위의 독을 없애기 위해 인체의 방어시스템이 작동한 것입니다.

질병이 보내는 전조증상

증상	신호	증상	신호
·눈이 피로하고 침침, 시력저하	➡ 뇌나 간이 피로하다는 신호	·눈 밑에 다크서클이 생긴다	➡ 신장기능이 떨어졌음
·얼굴이 하얗게 변한다	➡ 빈혈, 폐질환일 가능성이 있음	·보름달처럼 얼굴이 둥그레진다	➡ 부신피질의 기능항진증
·양쪽 눈이 모두 튀어나왔다	➡ 갑상선 기능 이상이나 종양	·콧물이 맑고 코 막힘 증상	➡ 비염, 부비강염 같은 세균감염증
·눈의 흰자위가 노랗다	➡ 간, 담낭, 췌장의 병변 신호	·안면 신경이 마비된다	➡ 암이나 감염증, 뇌혈관장애 신호
·얼굴에 갈색 기미가 있다	➡ 간이 약해져 있다는 신호	·입술이 하얗거나 지나치게 붉다	➡ 빈혈이 있거나 피로함
·얼굴에 나비 모양의 빨간 발진	➡ 루푸스라는 신호	·맥박에 맞춰 지끈지끈 아프다	➡ 두개골 내외의 혈관확장
·잇몸이 색소침착으로 보라색이다	➡ 혈액이 오염됐다는 신호	·팔다리, 얼굴 안쪽이 마비	➡ 뇌출혈, 뇌경색, 뇌동맥류 등
·얼굴이 붉고 자주 화끈거린다	➡ 혈액순환 장애와 혈액 오염	·머리가 아프고 구토를 동반	➡ 뇌염, 수막염, 뇌종양

출처= '전조증상만 알아도 병을 고칠 수 있다' (전나무숲)

만약 몸의 어떤 부분에 독이 쌓여 문제가 생기면 뇌에게 이 부위에 대한 정보를 전달하기 위해 통증이 생깁니다. 그리고 독을 제거하기 위한 물질을 공급하기 위해 혈관이 확장되어 붉게 부어오르는 것입니다. 이러한 염증이 치료된다면 몸은 원래의 상태로 회복할 수 있습니다.

현대의학은 염증이 생길 경우에 염증 자체를 억제시키는 대증(對症)요법을 사용하는 경우가 많습니다. 대증요법이란 겉으로 드러난 병의 증상을 대응하여 처치하는 방법으로, 예를 들면 열이 높은 경우 해열제를 쓰거나 얼음주머니를 대어 열을 내리는 방법을 말합니다. 하지만 그 증상이 나타나는 원인이 제거된 것이 아니기 때문에 다시 증상이 나타 날 수 있는 가능성이 있습니다.

반면 염증을 가라앉히는 약을 사용하기보다 염증이 발생한 원인, 즉 독을 제거하는 것을 원인요법이라고 합니다. 한국의 전통의학에서는 이를 양생(養生)요법이라 부르며 치유의 핵심 개념으로 사용하고 있습니다. 몸이 독소로부터 벗어나기 위해 염증을 일으키는데, 약을 이용해서 겉으로 드러난 염증만 억제한다면 오히려 몸의 자연치유력을 방해하게 됩니다. 그래서 눈에 보이는 당장의 효과는 대증요법이 뛰어나지만 병의 뿌리인 원인이 제거되지 않았기 때문에 질환이 재발할 수 있는 환경만 주어지면 언제든 다시 발생되는 문제가 있습니다.

따라서 본래의 자연치유력을 높이기 위해서는 가장 기본적으로 몸의 독을 없애는, 즉 디톡스 과정이 필수적입니다.

독은 왜 쌓이는가?

현대의학이 눈부신 발전을 이뤘지만 여전히 새로운 질병은 점점 늘어나고 있으며 질병에 시달리는 환자들도 끊임없이 늘어가고 있습니다. 병의 원인이 되는 바이러스나 세균에 의한 감염, 영양과 호르몬의 이상, 방사선이나 자외선 혹은 강한 전자파의 위험은 우리 생활 도처에 도사리고 있습니다. 특히 유해 화학물질은 피할 수 없는 위협입니다.

현재 지구상에는 수백만 가지의 화학물질이 존재하고 있으며 현재에도 새로운 물질이 개발되고 있습니다. 제초제, 살충제와 같은 농약부터 염화비닐 등으로 합성된 플라스틱류, 화장품, 의약품, 식품에 들어가는 합성 식품첨가물까지 우리를 둘러싸고 있는 모든 환경이 합성 화학물질에 점령당하고 있다고 해도 과언이 아닙니다.

유해 화학물질로 오염되어 있는 것은 환경뿐이 아닙니다. 당연히 우리 인체에도 수천 수만 가지의 유해 화학물질이 침입해 병을 만들어 내고 있습니다. 구강점막과 위장으로, 피부를 통해서, 공기를 통해 폐로 들어오는 유해 독성물질은 생각보다 쉽게 체내로 통과 됩니다. 그나마 소화관으로 들어오는 물질은 어느 정도 간에 의해 해독된다고 하지만 피부나 기관지를 통해 들어오는 유해물질은 모세혈관을 타고 심장을 거쳐 몸 전체로 퍼지기 때문에 매우 위험합니다.

게다가 다이옥신과 같은 물질은 체내에서 분해되거나 배출이 잘 되지 않기 때문에 몸 안에 축적되기 쉽습니다. 이렇듯 몸속으로 침투한 유해 화학물질은 암과 백혈병, 폐기종, 천식과 같은 기관지 질환, 아토피, 알레르기 질환, 심장질환과 동맥경화, 우울증, 공황장애, 불안신경증, 정신분열증 등과 같은 다양한 질환의 원인이 됩니다.

또 불임, 자궁내막증과 같은 부인병이나 선천적 기형도 유발합니다. 현대의학에서 난치병으로 분류되는 병명이 다수 포함되어 있는 것으로 미뤄 짐작해 보면 이러한 유해 화학물질이 난치병의 원인일 가능성이 높다는 결론이 나옵니다.

암을 유발하는 유해 화학물질이 원인

전 세계에서 가장 문제가 되고 있는 암 역시 유해 화학물질에 의

한 증상일 가능성이 높습니다. 인체가 이러한 물질에 오염되면 가장 먼저 세포 속으로 침투합니다. 세포 안에는 세포핵이 있는 데 그 속의 염색체가 유해물질에 의해 망가지면 손상된 유전자를 지닌 세포가 이상세포로 분열하면서 암 조직을 만들어 냅니다. 보통은 소량의 암세포가 생기더라도 백혈구와 같은 면역 시스템에 의해 통제가 되지만 유해물질로 면역기능이 약해진 상태라면 암세포 통제기능을 상실해 기하급수적으로 늘어나게 됩니다.

이를 뒷받침하는 흥미로운 사실은 카라코람이나 아제르바이잔과 같이 오지라고 불리는 지역에서는 암 환자를 찾아보기 힘들다는 점입니다. 훈자라는 지명으로 잘 알려진 이곳은 공업화가 거의 이뤄지지 않고 농약과 같은 화학물질이 보급되지 않아 유해 화학물질에 의한 오염이 거의 없는 지역입니다. 미국에 의해 현대문명이 전해지기 이전의 알래스카 역시 암이라는 질병이 거의 발견되지 않았기 때문에 인간이 만들어낸 인공적인 화학물질에 의해 암이 발생했다고 부정하기는 사실상 어렵습니다.

암 뿐만 아니라 이러한 화학물질에 의해 면역계와 호르몬계의 교란이 일어나며 알레르기와 자가면역질환, 정신질환 및 신경질환이 유발되는 경우가 점점 늘어나고 있습니다. 이러한 위험에서 벗어나기 위해서는 최대한 유해 화학물질을 피하는 생활습관과 몸속의 유해물질을 배출하는 디톡스가 필수적입니다.

우리가 매일 사용하고 있는 화학물질은 생각보다 생활 깊숙이 파고 들어와 있습니다. 매일 몸을 씻는 데 사용하는 샴푸와 린스, 비누와 치약, 그리고 몸에 직접 바르는 화장품과 향수 등은 피부에 직접적으로 닿는 제품이므로 유해한 화학물질이 최대한 적은 제품을 선택해야 합니다. 화학조미료나 식품첨가물이 들어간 식품, 유해물질이 나올 수 있는 일회용품, 플라스틱 제품들도 피하는 것이 좋습니다.

몸속으로 침투하는 유해물질을 막기 위해 최대한 외식을 줄이고, 가공식품을 피하며 유기농 식재료를 사용해 직접 조리하는 것이 좋습니다. 대기 오염이 심한 곳이라면 실내에 공기청정기를 사용하는 것도 방법입니다.

하지만 환경오염이 급속도로 진행되고 있는 대도시에서는 완벽한 차단은 어렵기 때문에 유해물질을 배출하는 디톡스에도 신경을 써야 합니다. 유해물질은 일부 몸에서 해독되어 배출이 되기도 하지만 배출이 되지 않은 물질은 골수나 유선, 간, 자궁, 피부, 피하지방 등에 축적되기도 합니다.

2. 평생 건강을 지키는 노니의 힘

현대의학이 내놓는 화학합성약품은 천연약품과 달리 몸에서 이물질로 받아들이기 쉽습니다. 몸 안에 들어온 물질이 이물질로 판단되면 그것을 방어하고 배출하기 위해 알레르기 반응이나 화학물질과민증(Multiple Chemical Sensitivity)이 따라옵니다.

디톡스를 통해 바꿀 수 있는 증상들

피부염, 건선, 아토피, 구내염, 상처, 종기, 기미, 습진, 방광염, 골절, 관절염, 류머티즘, 통증, 발열, 만성피로증후군, 비만, 산후 기력회복, 임신중독증, 혈액순환장애, 생리통, 고지혈증, 변비, 치질, 폐 질병, 천식, 기침, 비염, 알레르기, 십이지장궤양, 부정맥, 협심증, 심장병, 고혈압, 신장질환, 뇌졸중, 뇌경색, 당뇨, 면역질환 등.

따라서 이러한 화학약품은 몸속에서 치료기능을 하는 동시에 부작용을 일으킬 가능성도 높습니다. 물론 경우에 따라서는 부작용이 미미하거나 나타나지 않는 경우도 있지만 약을 복용하자마자 나타나지 않는 경우도 있습니다. 심지어는 5년이 지난 후에 나타나는 경우도 있습니다.

한 가지 약에 대한 부작용이 다양하게 나타날 경우도 생각해보지 않을 수 없습니다. 예를 들어 십이지장 궤양의 치료를 위해서 히스타민 수용체 차단제를 복용한다면 재생불량성 빈혈, 부정맥, 간질성 폐렴, 쇼크, 혈관염, 두통, 경련, 현기증, 변비, 췌장염, 탈모, 발기부전과 같은 부작용이 생길 수 있습니다. 이 약을 복용함으로써 궤양이라는 한 가지 질병은 고칠 수 있지만 신장, 심장, 혈관, 간, 뇌, 신경, 장, 췌장, 모발, 생식기 등에서 또 다른 질병이 생길 가능성이 있습니다. 한 가지 병을 치료하려다 10가지 병을 얻을 수도 있는 셈입니다.

일각에서는 수시로 개발되어 나오는 현대의학의 신약 중 상당수가 사라진다고도 말합니다.

약품에 의한 부작용이 점점 늘어나면서 심하게는 약을 복용하던 중에 목숨을 잃는 경우도 생기고 있습니다. 따라서 부작용이 없는 대체의학을 찾는 사람들이 많아질 수밖에 없는 상황입니다. 앞서도 언급했던 일본의 대체의학 연구학과, 미국 국립암연구소

(NCI)나 국립위생연구소(NIH)에서 대체의학 치료에 사용할 수 있는 천연 치료제를 찾기 위한 지속적인 노력은 이러한 상황을 잘 보여주고 있습니다.

대체의학에서 찾고 있는 물질은 오랜 시간동안 효과가 충분히 검증되어야 하며 동시에 부작용에 대한 위험이 없어야 합니다. 또한 가능한 다양한 증상에 효과가 있어 활용도가 높아야 합니다. 게다가 쉽게 구할 수 있는 물질이어야 하며 생산량 또한 풍부해야 한다는 까다로운 조건을 모두 충족해야 합니다.

이런 가운데 2000년 동안 폴리네시아 원주민들의 치료제로 활용된 노니가 세상에 알려졌으니 엄청난 관심이 쏟아질 수밖에 없었습니다. '신이 내린 열매'로써 이미 오랜 역사 속에서 그 효능이 검증되어 있으며 골절에서부터 진통제, 고열, 고혈압, 당뇨병, 말라리아 감염, 탈모 등 각종 증상에 활용할 수 있음이 확인 되었습니다.

또한 어디서나 뿌리를 내리고 열악한 환경 속에서도 잘 자라는 등 생명력이 강하고 1년 내내 수확이 가능한 노니의 특징은 모든 대체의학 연구팀이 찾던 바로 그 신비의 명약이 되기에 손색이 없습니다.

현대의학은 과학기술을 이용해 노니의 성분과 질병에 대한 효능에 대한 연구를 지속해 그 비밀을 밝히는 일이 남았습니다. 또한 여러 임상사례들을 통해 부작용이 없는지에 대한 관심을 계속 기울여야 할 것입니다.

다행히 지금까지 밝혀진 노니의 부작용은 거의 없다고 볼 수 있는 수준입니다. 하와이에서는 병을 치료를 사람들을 '카흐나' 라고 하는데 이 카흐나 사이에서는 노니를 이용한 치료법이 이미 수천 년에 걸쳐 내려왔기 때문에 이 오랜 시간동안 충분한 임상실험이 이루어졌다고 볼 수도 있습니다. 실제로도 노니에 대해 연구한 닐 솔로몬(Dr. Neil Solomon) 박사의 연구 논문에 따르면 노니를 섭취한 15,000명의 환자 중에서 문제가 될 만한 부작용을 겪은 사례는 거의 없는 것으로 나타났습니다. 부작용을 느꼈다는 5% 미만의 경우도 가벼운 습진이나 트림과 같이 미비한 증상이었다고 합니다.

언론 속 노니(Noni)　당뇨 수치를 떨어뜨리는 노니

JTBC〈닥터의 승부〉 85회에서는 민권식 인제의대 부산백병원 비뇨기과 교수가 당뇨 예방비법으로 열대식물 노니를 소개했다. 폴리네시아 사람들이 이미 2,000년 전부터 노니를 만병통치약으로 사용해왔으며 항염, 진통, 항암, 항균, 항알레르기 및 면역증강의 효과가 있다고 설명했다. 이러한 노니의 효능은 플라보노이드 등 20 가지가 넘는 항산화물질 때문인데 이 효과들은 여러 연구와 논문을 통해 이미 그 효능이 증명되었다고 소개했다.

노니는 당뇨에도 효능이 있어 당뇨 예방 연구가 활발히 이루어지고 있다. 실제로 20일 동안 당뇨 쥐에게 노니 주스를 투여한 결과 혈당치가 350까지 올라간 일반 당뇨 쥐에 비해 노니 주스를 먹은 당뇨 쥐는 혈당수치가 150~160까지 떨어져 거의 치료 수준에 가까운 놀라운 결과를 보여주었다고 설명했다.

출처 : JTBC 닥터의 승부

3. 약 대신 내 몸을 바꾸는 디톡스 프로그램

우리의 인체는 몸 안의 독소를 자정능력을 통해 배출하는 능력이 있습니다. 하지만 환경오염과 잘못된 식습관 등의 이유로 몸의 균형이 깨지면 이러한 능력도 한계에 달해 제 기능을 하지 못하는 상황이 생깁니다. 이렇게 해서 쌓인 몸 안의 독소는 여러 질병과 증상의 원인이 되므로 건강을 되찾기 위해서는 가장 먼저 독소를 배출하는 디톡스 프로그램을 실행하는 것이 좋습니다.

만병의 근원으로 꼽히는 비만 역시 몸의 균형이 깨졌을 때 나타나는 현상입니다. 원래 우리 몸은 체중을 유지하는 능력을 갖고 있습니다. 몸 안에 지방이 많아지면 렙틴이라는 호르몬을 분비해 뇌로 하여금 식욕을 억제하고 체온과 신진대사를 높여 체지방을 감소시킵니다. 반대로 체지방이 줄어들면 렙틴 호르몬이 줄면서 식욕을 높이고 신진대사를 떨어트려 체지방을 증가시키는 자동시스템을 갖고 있는 셈입니다. 하지만 호르몬의 교란이나 과부하로 인한 렙틴 저항성이 생기면서 체중을 유지하는 기능을 잃고 살이 찌게 됩니다.

노폐물이 쌓인 지방을 배출하라

필요 이상으로 체지방이 많이 축적되기 시작하면 피부 아래 뿐 아니라 장기 사이 등 몸의 구석구석에 지방이 쌓입니다. 공기나 음식을 통해, 그리고 피부를 통해 유입된 독소는 세포와 뼈, 근육 등 구석구석 축적되는데 특히 독소가 가장 많이 축적되는 부분이 지방입니다. 이 때문에 지방이 많을수록 몸에는 더 많은 독소가 축적되는 셈입니다. 게다가 지방세포는 잘 분해되지 않기 때문에 고농축 된 독소들이 모여 있을 가능성이 높습니다. 디톡스를 이야기 할 때 체중감량을 함께 언급하는 것이 바로 이런 이유 때문입니다.

불필요한 지방을 배출하고 더불어 독소를 함께 배출하기 위해서는 일정기간 동안의 디톡스 프로그램을 실행하는 것이 좋습니다. 프로그램 중에는 외부에서 새로운 독소를 유입하지 않도록 철저한 식단조절과 충분한 수분섭취, 적당량의 운동을 병행하고 독소 배출을 효과적으로 돕는 식이섬유와 노니 섭취를 병행하는 프로그램입니다. 좀 더 효율적인 흡수를 위해 공복에 노니를 음용하는 것이 좋고 최소 10일 동안 실시하는 것이 좋습니다.

▶ 노니 디톡스 10일 프로그램과 준비물

노니 주스 : 하루에 노니 주스 30ml를 6회에 걸쳐 음용합니다. 60회를 음용할 수 있는 양을 준비합니다. 원액 상태 그대로 마시는 것이 좋으나 먹기 힘든 경우에는 물을 조금 섞어 마시고 점점 적응이 된 이후에 원액을 음용합니다.

▶ 노니 디톡스 10일 프로그램 하루 6회 섭취방법

1회	아침	노니 주스 30ml	종합비타민제	고단백 식단	물300ml
2회	오전	노니 주스 30ml	식이섬유	물 300ml	30분 후 물 200ml
3회	점심	노니 주스 30ml	종합비타민제	고단백 식단	물 300ml
4회	오후	노니 주스 30ml	식이섬유	물 300ml	30분 후 물 200ml
5회	저녁	노니 주스 30ml	종합비타민제	고단백 식단	물 300ml
6회	취침 전	노니 주스 30ml	식이섬유	물 300ml	30분 후 물 200ml

종합비타민제 : 비타민A와 엽산을 포함한 비타민B군, 비타민C, 비타민D, 비타민E, 칼슘, 마그네슘, 크롬, 코엔자임Q10, 오메가3, 피토케미컬 등의 성분이 고루 들어있는 제품을 준비합니다.

디톡스 프로그램을 진행하면 지방조직의 부피가 줄면서 그 속에 축적되어 있던 유해물질이 혈액으로 배출되고 지방산이 연소되면서 자연스럽게 유해산소도 증가하게 됩니다. 이때 미네랄과 비타민을 비롯해 항산화 영양소를 잘 섭취해 주지 않으면 몸 속 활성산소가 늘고 염증반응이 생길 수도 있습니다. 따라서 미네랄과 비타민, 즉 필수 미량영양소를 고루 섭취할 수 있는 종합 비타민제를 병행해 섭취하는 것이 좋습니다.

식이섬유 : 음식을 소화하는 과정에서 가장 많은 독소가 있는 곳은 장입니다. 장의 주름에 낀 숙변에는 곰팡이, 병원균, 콜레스테롤 등의 독소가 있어 이를 잘 제거해 주지 않으면 혈액을 탁하게 만들고 질병의 원인이 되기도 합니다.

식이섬유가 풍부한 음식을 먹는다면 장에 있는 독소를 배출시킬 때 분해된 노폐물을 식이섬유가 끌어안고 변으로 잘 배출되도록 돕는 역할을 합니다. 식이섬유가 풍부한 음식을 준비하거나 제품으로 만들어진 식이섬유로 대체해도 좋습니다.

고단백 식단 : 10일간의 디톡스 프로그램 중에는 고단백 저탄수화물이 포함된 식단으로 식사를 해야 합니다. 또한 외부에서 독소가 추가로 들어오지 않도록 살충제와 같은 화학물질이나 잔류농약 등의 유해물질이 없는 식재료를 선택하는 것이 중요합니다.

유기농법으로 재배된 채소를 구입하고 항생제를 사용하지 않고 방목해서 키우는 고기를 선택해 식단을 구성하기 힘든 경우에는 필수 단백질과 탄수화물 등이 섞인 체중조절용 조제식품을 선택해도 좋습니다.

4. 음용시 이것만 주의하자

노니는 뿌리에서부터 줄기, 과실까지 음용을 하여야 하며 노니 주스는 언제 어디서나 쉽게 음용이 가능하며 냉장고에 보관하면 일정기간 유지가 가능합니다. 요즘에는 파우치 팩에 밀폐된 상태로 포장되는 경우도 있어 오랫동안 보관이 가능합니다. 노니 주스를 섭취한 뒤 몸의 변화가 바로 나타나는 경우도 많으나 대부분은 몇 주에 걸쳐 나타나기도 합니다. 이는 개인차가 있으므로 최소 6개월 정도는 꾸준히 섭취하는 것이 좋습니다.

노니 주스의 양은 연령이나 증상에 따라 조금씩 차이가 있으나 일반적으로 처음 시작할 때는 단계적으로 음용 양을 늘려나가는 방법을 씁니다. 아래의 표와 같이 처음 3일 동안은 15ml에서 시작해 3개월에 걸쳐 100ml까지 늘려가는 것이 보편적입니다.

▶ 3개월에 따라 양을 늘려가는 예시

기 간	1회 섭취 양	1일 섭취 횟수	1일 전체 섭취 양
1~3일	15ml (밥숟가락 1개 반)	1회	15ml
4~6일	25ml (밥숟가락 2개 반)	1회	25ml
1주~10일	25ml (밥숟가락 2개 반)	2회	50ml
11일~2주	35ml (밥숟가락 3개 반)	2회	70ml
15일~3개월	50ml (종이컵 1/4)	2회	100ml

그리고 흡수율을 높이기 위해 공복에 노니 주스를 음용하는 것을 권합니다. 만약 위장 장애가 있을 시에는 속이 쓰리는 등의 증상이 생길 수 있는데 이런 경우에는 식후에 드시는 편이 좋습니다.

평소에는 건강한 성인의 경우 30ml씩 하루 두 번을 음용하는 데 섭취량이 30ml보다 넘어도 괜찮습니다. 보통 16세 미만의 경우에는 성인의 절반 분량을 섭취하면 됩니다. 건강한 경우에 노니 주스를 음용하면 건강을 유지하며 감염을 방지하고 근육을 늘리는 데 도움이 됩니다.

갑자기 통증이 생긴 경우에 노니 주스를 마셔도 도움이 됩니다. 기관지염이나 치통, 후두 통증 등이 생긴 경우에는 노니 주스 60ml를 나눠서 섭취하고, 몇 시간 뒤에 다시 30~60ml를 마시는 방법을 사용합니다.

▶ 7개월에 따라 양을 늘려가는 예시

기 간	1회 섭취 양	1일 섭취 횟수	1일 전체 섭취 양
1. 시험 음용 (1~3일)	5ml	2회	10ml
2. 증량 기간 (4일~1개월)	60ml	2회	120ml
3. 적용 기간 (2~6개월)	60ml (아침 식사 전) 30ml (저녁 식사 전)	2회	180ml
4. 유지/예방기간 (7개월 이후)	30ml	2회	60ml

※ 16세 미만인 경우 증량기간 부터는 성인 권장량의 절반을 음용함.

천식이나 알레르기, 관절염 등의 만성질환에는 처음 3일 동안은 180ml를 마시는 것을 권합니다. 4일부터는 절반으로 양을 줄여 증상이 완화될 때까지 계속 90ml를 마십니다. 만성질환의 경우에는 증상이 바로 좋아져도 당분간은 이 양을 유지하는 것이 좋습니다.

순수한 과즙이라면 피부병이나 염증, 화상 등을 진정시키는 용도로 피부에 직접 발라도 좋습니다. 실제로 폴리네시아에서는 오래전부터 외상에 노니 과즙을 발라 상처를 치료하는 방법을 써왔습니다. 벌레 물리거나 출혈이 있는 경우에도 면이나 붕대에 주스를 묻혀 환부에 붙여도 좋습니다. 피부노화나 주름을 예방하고 싶거나, 피부 건조증과 여드름이 있는 경우에는 노니 주스로 세수를 하듯 얼굴 전체에 바르고 주스를 천에 적셔 얼굴에 덮어두는 피부 마사지에 활용해도 좋습니다.

　노니 주스를 만드는 회사는 다양하지만 노니 주스는 원재료인 노니 과실의 재배 상태, 저온 살균과 안전한 용기사용과 같은 엄격한 품질 유지 및 검사 등을 통해 과학적으로 생산, 가공되어 안전하게 유통되고 있는지를 살펴보는 것이 좋습니다.

5. 섭취 시 명현반응이 나타날 수 있다

노니를 섭취 한 뒤 생기는 예기치 못한 변화에 대해 노니의 부작용은 아닌지 우려하는 경우도 있을 수 있습니다. 하지만 노니는 임산부나 수유부도 음용할 수 있을 만큼 거부반응이나 부작용이 없는 천연물질이기 때문에 이러한 변화는 질병의 종류나 몸의 상태에 따른 호전반응일 가능성이 높습니다.

호전반응은 일명 명현반응이라고도 하는데 한 마디로 설명하면 '치유가 되는 과정'이며 증세가 호전 될 수 있다는 긍정의 신호로 볼 수 있습니다. 섭취한 물질의 도움을 받아 우리 몸이 질병과 싸우고 있으며, 그 과정에서 발생되는 통증이나 불편한 느낌이 바로 명현반응인 것입니다.

명현반응은 깨어진 신체의 균형이 바로 잡히면서 약해진 면역반응이 활발해지고, 해독이 진행되는 과정으로 해석합니다. 몸에서 질병의 원인이 되는 독소를 몰아내는 과정에서 평소에 가지고 있던 증상이 더 심해지거나 전혀 아프지 않은 새로운 부분에 통증을 느끼는 등 다양한 경험이 생길 수 있습니다. 때문에 이러한 명현반응이 있다면 부작용이 아니라 제 효능을 내고 있다는 반증으로 해석할 수 있는 것입니다.

호전반응은 사람마다 정도와 기간 등의 차이가 있을 수 있습니다. 일반적으로 병의 증상이 가벼운 경우는 가볍고 짧게 지나가지만 질병을 오래 앓았거나 몸속에 노폐물이 많이 쌓인 경우에는 호전반응이 강하게 일어나고 오래 지속되기도 합니다.

해독을 해야 할 노폐물이 많으면 몸살이 난 것처럼 몸 구석구석에서 통증을 느끼기도 하는데, 노니 주스로 인해 세포와 혈액의 정화가 이루어지면 혈류의 흐름이 원활해지면서 세포에 있는 피로물질과 유해물질이 밀려나면서 생길 수 있는 증상입니다. 몸살 증세와 함께 몸에서 열이 나는 것 역시 치료의 과정 중에서 일어날 수 있는 일입니다. 몸의 면역력이 회복되면 몸의 열을 높여 병원균들과 싸우며 죽은 세포를 바깥으로 배출하게 됩니다.

이 외에도 갑자기 무기력해져 몸을 움직이기가 힘들고 노곤한 경우, 변비나 설사, 발한 등의 급성 과민반응 역시 호전반응의 한 현상입니다. 몸의 활력이 떨어지면서 둔해지는 것은 이완반응으로 질병으로 인해 몸의 균형을 잃었던 상태를 회복하는 과정에서 일시적으로 나타나는 증상입니다. 과민반응 역시 일시적인 형태로 갑자기 증상이 시작되었다가 시간이 지나면 자연스럽게 복구되는 경우가 많습니다.

몸 안의 노폐물은 설사나 출혈과 같은 배설작용에 의해 나오지만 피부로 배출되는 경우도 있습니다. 갑자기 온 몸이 가렵거나 붉게 발진이 생기기도 하며 습진의 형태로 나타나기도 합니다. 그 밖에 경련이나 두통, 잦은 방귀도 호전반응의 증상에 해당합니다.

만약 호전반응이 오래 지속되거나 견디기 힘들 경우에는 충분하게 물을 마셔 독소가 빨리 나갈 수 있도록 하거나 평소보다 적은 양의 주스를 물에 희석해 음용한 다음 서서히 주스 양을 늘려가는 방법을 사용해봐도 좋습니다.

▶ 증상에 따른 명현반응의 종류

심장병, 고혈압, 당뇨병

심장병의 경우 호흡이 짧아지고 불규칙 해질 수 있으며 정서가 불안해지는 경우도 있다. 고혈압의 경우에는 머리가 무겁고 어지러운 현상이 지속되기도 한다. 당뇨병의 경우 일시적으로 당분 배출이 늘어날 수 있으며 손발에 물집이 잡히기도 한다.

만성기관지 질환, 폐질환, 축농증

기관지 질환의 경우 구토증상이나 어지럼증, 건조함 등의 증상이 나타날 수 있고 폐질환이 있는 경우에는 기침할 때 담이 증가하거나 유황색을 띄는 담이 생길 수 있다. 축농증은 콧물이 더 늘어나거나 색깔이 짙어지는 경우도 있다.

간질환, 간경화

간질환의 경우 여러 증상이 나타날 수 있는데 피부가 간지럽거나 발진이 생기는 경우도 있으며 갈증이 심해지고 어지러움을 느끼거나 졸리고 때에 따라선 구토나 황달 증세를 동반하기도 한다. 간경화의 경우에는 대변에 피가 섞여 나오는 경우도 있으며 혈괴가 나타나기도 한다.

위궤양, 위와 장 관련 질환

위궤양이 있는 경우에는 해당 부위가 아프거나 답답한 증상이 생길 수 있으며 위나 장과 관련된 질환이 있는 경우에는 상태에 따라 구토나 설사가 동반되기도 한다.

빈혈, 신장질환

빈혈의 경우 코피가 나는 경우가 생길 수 있으며 특히 여성에서 잘 나타나는 증상이다. 신장질환의 경우에는 신장 부근에 통증을 느끼거나 소변량이 늘기도 한다. 또한 소변의 색이나 얼굴색이 변하는 경우도 있다.

신경쇠약, 두통

신경쇠약의 경우 한 동안 잠을 자지 못하는 불면증상이 나타날 수 있으며 두통에 시달리는 경우에도 며칠 동안 계속적인 두통에 시달릴 수 있다.

피부질환, 여드름, 치질

피부가 과민한 경우 섭취 초기에 가려움이 더 심해질 수도 있다. 이러한 증상은 수일 뒤에 점점 줄어든다. 여드름의 경우에도 섭취 초기에는 증상이 더 심해진다고 느낄 수 있지만 곧 잠잠해진다. 치질의 경우에는 일시적으로 대변에 피가 섞여 나오기도 한다.

통풍, 부인병

통풍의 경우 온 몸에 무력감을 느끼는 경우가 있으나 며칠 뒤에 증상이 사라진다. 부인병이 있는 경우에는 회음부 주변이 가렵고 한동안 분비물이 늘어나거나 출혈이 생기기도 한다. 일시적으로 생리 불순 증상이 나타나기도 한다.

PART 4

노니로
건강을
되찾은 사람들

1. 저는 말기 자궁경부암 환자였습니다

김민정 (울산시)

저는 암환자였습니다. 자궁경부암이라는 진단을 받았을 때 저는 수술을 거부하고 맑은 공기를 찾아 시골로 내려갔었습니다. 하지만 민간요법으로 치료를 하다가 온 몸이 부어오르고 머리카락이 빠지는 등 심한 육체적 정신적 고통에 시달렸습니다. 결국 다시 병원을 찾았을 때는 중증말기라는 더 절망적인 현실이 찾아왔습니다.

중환자실에서 3일을 보내다 일반 병실로 옮겨졌고 항암치료와 방사선치료를 받고 좋아지는 듯 했습니다. 하지만 그 후유증으로 팔다리는 심하게 저리고 뼈마디 마디가 쑤시고 아픈 것이 실로 그 고통을 말로 다 할 수 없을 정도로 심했습니다.

고통의 시간 속에서 저를 구해준 노니는 정말 우연히 찾아왔습니다. 통증에서 벗어나기 위해 운동을 하던 중에 편한 신발을 사려고 한 가게에 들렀는데 그곳에서 노니를 알게 된 것입니다.

5일 동안 노니 디톡스를 하고 나니 정말 거짓말처럼 통증이 절반으로 줄어들었습니다. 시간이 지날수록 쇠약하고 죽어가던 온 몸의 세포가 재생되는 듯 한 느낌이 들기 시작했습니다. 방사선 치료로 새까맣게 변했던 배는 어느새 원래의 하얀 피부색으로 되돌아왔고 따로 진단을 받지 않아도 '이제 내 몸이 다시 살아났구나' 하는 것을 느낄 수 있었습니다.

주위에서도 다시 예뻐지고 젊어졌다며 난리가 났습니다. 저의 직업은 피부 관리실을 운영하는 것인데 지금은 아무도 제가 암환자였다는 사실을 믿지 않을 정도입니다. 저 역시 제가 말기 암환자였다는 사실이 믿기지 않습니다. 하지만 죽음의 문턱에서 살아와 건강하게 살 수 있었던 건은 모두 노니 덕분이라는 사실을 잘 알기에 앞으로도 꾸준히 노니 주스를 음용할 생각입니다.

2. 죽음의 문턱에서 돌아오다

송기인 (부산시)

저는 작은 개인 사업을 하던 중 2011년 6월 27일 림프종 4기에 3개월 시한부 판정을 받았습니다. 급속도로 모든 의욕이 떨어졌고 몸 상태가 점점 더 나빠졌습니다. 한 달 동안 입원해 1차 항암 치료만 하고 퇴원했다가 9월 중순에 3차까지 항암치료를 받으니 순식간에 몸이 축났습니다. 밥은 물론 물도 못 마시고 토해냈고 혼자서 걷지도 못할 만큼 체력이 바닥으로 떨어졌습니다.

이대로 죽는다는 생각으로 절망적인 시간을 보내던 중에 같은 병원에서 같은 병을 가진 분이 노니 주스를 드시는 것을 보게 됐습니다. 그리고 저도 한줄기의 희망이라도 있기를 기도하는 마음으로 마셔보았는데 신기하게도 토하지 않고 몸에서 편안하게 흡수가 되는 것을 느꼈습니다. 그리고 얼마 지나지 않아 몸에서 열이 나면서 서서히 기력이 생기는 것을 느낄 수 있었습니다.

그 이후로 계속 노니 주스를 마셨고 항암치료를 혼자 다닐 수 있을 정도로 체력이 올라갔습니다. 그것이 인연이 되어 계속 노니 주스를 마셨고 2012년 1월에 8차 항암치료까지 무사히 마쳤습니다. 매월 정기 검사를 하며 상태를 지켜보기로 하고 제게 노니를 소개해 준 원장님과 앞으로 함께 지낼 집을 짓기 시작했습니다.

그로부터 몇 개월 후 저는 드디어 무병 진단을 받았으며, 현재까지도 아주 건강하게 지내고 있습니다. 죽음의 문턱에서 운명적으로 노니와 원장님을 만나 두 번째 삶을 얻었습니다. 이 두 번째 기회를 원장님과 함께 하며 일을 도우며 살기로 결심했습니다. 많은 분들이 저처럼 두 번째 기회를 얻을 수 있기를 희망합니다.

3. 다리통증 때문에 먹었던 진통제와 이별하다

박금주 (울산시)

2015년 8월경 지인으로부터 노니를 권유받고 10일 디톡스 체험을 하였습니다. 평소에도 변비가 심했고 아무런 이유 없이 숨이 차는 호흡곤란 증상과 함께 소화시키지 못하는 증상이 있었는데 디톡스를 하면서 20일 정도 더 심한 증상이 계속되었습니다.

걱정이 되어 병원에 가서 검사란 검사는 다 받아봤고 위내시경, 대장내시경도 하였지만 아무런 이상이 없다는 진단과 함께 그저 소화가 잘되는 약만 처방 받았습니다. 첫 디톡스 후, 물 한 모금 넘기지 못하며 한 달 동안 너무나도 힘든 시간을 보내고 있었는데 또다시 디톡스 권유를 받아 두 번째 디톡스에 들어가게 되었습니다. 그런데 놀랍게도 서서히 숨이 차는 증상이 사라졌고 디톡스 후 죽과 밥을 먹을 수 있을 정도로 소화가 잘 되었습니다. 그러던 중, 예전부터 앓아왔던 허리가 갑자기 아프기 시작했고 참을 수 없는 통증으로 병원을 찾았더니 허리디스크 파열이라 수술하지 않으면 안된다 하여 수술을 했습니다. 그러나 수술 중에 신경을 잘못 건드려 다리에 통증이 생겼고 마비증상으로 다리를 절게 되었습니다. 노니가 통증 완화에 좋다고 하여 또다시 디톡스를 결심했습니다.

식도염 증상이 다시 나타나 따갑고 아팠습니다. 원래 식도염과 신경성위염 때문에 소화가 잘 되지 않아 위벽보호제와 점막보호제를 먹고 있었는데 디톡스 한지 5일째에는 식도염 증상이 사라지기 시작했고 다리통증 때문에 계속 먹던 진통제와 소염제를 8일째부터는 먹지 않게 되었습니다. 10일 후 회복식 때는 식도염 증상이 완전히 사라지고 다리통증도 호전되어 병원에서 1년 동안 먹어야 한다던 진통제와 소염제를 더이상 복용하지 않고 있습니다. 체중은 10kg 감량했고 얼굴도 예뻐지고 살도 빠지고 건강도 회복되고 운전도 할 수 있어 너무너무 행복합니다. 노니가 이렇게 좋은 줄 몰랐습니다.

4. 걸어 다니는 종합병원에서 건강체로

복점수 (울산시)

식당을 운영하는 저는 여기저기 아프지 않은 곳이 없었습니다. 갱년기까지 겹쳐 우울증에 온 몸은 부어오르고, 허리디스크에 어깨, 팔 통증까지 안 아픈 곳이 없을 정도였습니다. 식당일이 워낙 힘들기 때문에 늘 두통과 전신 통증, 피로에 시달리는 것이 다반사였습니다. 특히나 혈액순환이 되지 않아 잠을 자려고 누워있으면 다리에 쥐가 나서 밤잠을 설치는 것도 예사였습니다.

그런데 한마디로 걸어 다니는 종합병원 같던 제가 노니를 만나면서부터는 완전히 새 사람이 되었습니다. 처음 10일 동안 노니 디톡스를 했을 때는 하루 이틀 정도 지나자 몸 구석구석에서 통증이 하나 둘 나타나기 시작하더군요. 그리고 또 이틀 정도가 지나자 아파

오던 통증이 하나하나씩 사라졌습니다. 그리고 나니 몸이 무척 가벼워지는 것을 느낄 수 있었습니다.

1차 디톡스에 성공하고 나니 무려 체중이 5kg이나 감량 됐고 피곤함도 없어지고 다리에 쥐가 나고 저리던 증세, 우울증 증세도 없어졌습니다. 그리고 2차, 3차 노니 디톡스를 다 성공하고 나니 체중이 9kg까지 감량되었습니다. 몸 구석구석 안 아픈 곳이 없었던 허리, 어깨, 팔, 두통 통증이 거짓말처럼 다 사라지고, 노니 주스를 3개월을 먹고 나니 폐경이 된 줄 알았던 생리도 다시 돌아왔습니다.

정말 노니 효력이 이렇게 좋을 거라고는 상상도 하지 못했습니다. 저는 앞으로도 노니와 함께 평생을 함께 하며 건강하게 살려 합니다. 정말로 노니를 만나게 해주신 분들께 진심으로 감사드립니다.

5. 해독과 아름다움을 동시에 선사한 노니

김길숙 (울산시)

저는 30년간 미용실을 운영해오고 있습니다. 원래는 여드름 하나 나지 않은 깨끗한 피부였는데 미용실에서 쓰는 화학약품과 스트레스 때문인지 10여 년 전 부터 피부 알레르기가 두피부터 시작해 온 몸으로 퍼지기 시작했습니다. 피부가 멍게처럼 부어올라 병원 치료도 해보았지만 잠시 가라앉는 듯 하다가 다시 올라오기를 반복했습니다. 날이 갈수록 피부병은 더욱 심해져서 밤잠을 이루지 못할 정도가 됐습니다.

그러던 중 2014년 7월에 지인으로부터 노니를 소개 받았습니다. 일단은 해독이 가장 먼저 되어야 체질개선이 된다는 말에 10일간 노니 디톡스를 시작했습니다. 처음에는 알레르기가 더 심하게 올라와 약간 놀랐지만 독소가 밖으로 배출되는 명현반응 과정이라 생각해 멈추지 않고 계속 음용했습니다.

그러던 어느 날 미용실에 오는 손님들이 제 다리가 엄청 날씬해 졌다며 놀라워했습니다. 그래서 제 몸을 찬찬히 살펴보니 확실히 몸 전체 부종이 빠지고 있었습니다. 특히 얼굴은 예전에 맞았던 보톡스 등으로 늘 병자처럼 부어있었는데 거울 속에 비춰진 제 얼굴은 옛 모습을 찾아가고 있었지요.

현재까지 1년 6개월 동안 노니를 먹어오고 있고, 그 전엔 54kg으로 제법 통통한 편이었는데 지금은 48kg으로 아주 매력적인 몸매를 유지하고 있습니다. 피부는 많이 맑아지고 알레르기 없이 깨끗해졌으며 피부 처짐도 줄어들고 탄탄해져 동안미인이라는 소리도 듣고 있습니다.

보톡스 부작용으로 부었던 얼굴도 정상으로 돌아왔고 또 약간 높았던 혈압도 정상범위로 돌아왔습니다. 무엇보다 최대의 고민이었던 피부 알레르기도 많이 좋아져서 너무 기쁩니다.

뿐만 아니라 몸도 피곤하지 않고 에너지와 활력이 넘쳐서 일상생활도 너무 즐겁고 신나게 하고 있습니다. 덕분에 열정덩어리란 별명도 생겼고요. 노니를 알게 되어 너무 감사합니다.

6. 노니 디톡스로 되찾은 미모

김미성 (울산시)

울산에 살고 있는 53세 김미성입니다. 저는 2015년에 언니의 소개로 노니를 알게 됐습니다. 처음에는 노니에 대해 반신반의해서 디톡스는 하지 않고 가끔 주스만 먹는 정도였습니다. 그러던 중 노니제품으로 독소를 빼고 살도 빠지는 디톡스 프로그램을 알게 됐습니다. 그리고 8주 동안 노니 제품을 식사대용으로 먹으면서 운동하는 다이어트 대회에 참여하게 되었습니다. 결과는 저 자신도 놀랄 수밖에 없었습니다. 2개월 만에 17kg 감량과 체지방 10kg 감량으로 대회에 준우승을 차지한 것입니다. 대회 후 3개월 동안 체중이 1kg 더 감량 됐고 요요현상도 전혀 없었습니다.

사실 저는 다이어트가 몹시 필요한 경우였습니다. 전에는 허리

통증이 너무 심해 통증클리닉과 추나요법 등 안 해본 게 없을 정도 였습니다. 어떻게 해도 줄지 않던 통증이 노니를 먹고 운동만 했을 뿐인데 이렇게 짧은 시간에 해결이 돼서 그저 신기합니다.

노니 덕을 본 것은 허리 통증뿐만이 아닙니다. 노니를 먹기 전에 는 얼굴 피부도 검고 늘 퉁퉁 부어있어서 찜질방 사우나에서 3시간 가량 땀을 빼야 일상생활을 할 수 있었는데 지금은 잘 붓지도 않고 피부도 탱탱해지고 맑아져서 무슨 시술을 받았냐고 주변 사람들이 물어볼 정도 입니다.

그 동안 여러 가지 다이어트의 제품을 먹어보았지만 요요현상 때 문에 원래보다 더 뚱뚱해지는 악순환을 겪었습니다. 하지만 노니 다이어트 프로그램을 참여하면서 제 인생은 많은 것이 달라졌습니 다. 건강한 몸매와 미모로 많은 사람들의 관심 대상이 되었고 말이 없고 무뚝뚝한 남편의 태도도 달라졌습니다. 노니를 만나게 된 것 이 하늘이 주신 축복이라 생각하며 평생 건강하고 아름답게 살아 가려 합니다.

7. 고혈압, 협심증, 고지혈증이여 안녕

강명구 (울산시)

저는 9년 전 정기건강검진을 받다가 심장질환 의심으로 재검을 받아야 했습니다. 그 결과 고혈압에 따른 협심증 판정을 받고 심장 혈관 확장 시술을 받았습니다. 그리고 그 후로는 고혈압 약과 고지혈증 약을 얼마 전까지 9년이 넘도록 복용해야 했습니다.

그런데 지난 2015년 11월에 지인으로부터 노니를 소개받게 되었습니다. 10년이 다되도록 혈압약을 복용했지만 약을 복용해도 혈압이 130~140/85~90mmhg 정도였기 때문에 무언가 다른 방법이 필요하다는 판단이 섰습니다. 어쩌면 이 낯선 열대과일이 제게도 효과를 보이지 않을시 기내하며 노니 디톡스를 시작했습니다.

오랫동안 앓아왔던 질병이기에 처음부터 어떤 눈에 띠는 효과가 있을 것이라고는 기대하지 않았습니다. 하지만 첫 번째 노니 디톡스를 진행하는 과정에서 혈압이 정상수치로 변화되는 것을 바로 체험하자 노니의 놀라운 효능에 감탄하지 않을 수 없었습니다.

그 후 운동부하검사 등을 통하여 정상혈압을 확인하고 담당의사로부터 혈압약을 복용하지 않아도 된다는 판정을 받았고, 현재는 약 없이 정상혈압을 유지하며 건강하게 지내고 있습니다. 저처럼 고혈압으로 고생한 분들이 하루 빨리 노니를 만나 도움을 받으셨으면 하는 바램입니다.

8. 검붉은 얼굴색이 맑아지다

박기철 (울산시)

저는 55세 박기철입니다. 노니를 알게 된 건 2015년 3월경이었습니다. 처음에는 노니가 생소하기도 하고 과연 효과가 있을지 반신반의해서 많이 망설였는데 소개를 해준 분이 한번만 믿고 먹어보라고 해서 시작하게 되었습니다.

저의 고민은 검붉은 얼굴색입니다. 얼굴로 열이 올라와서 아침이나 저녁이나 항상 얼굴이 붉고 검었습니다. 유명하다고 하는 한의원도 다녔고 좋다고 하는 한약도 많이 먹어봤지만 효과는 전혀 없어 자포자기하고 있던 시기였습니다.

'용한 한의원도 못 고치는 걸 과연 이걸로 해결이 될까?' 하는 생각도 한편 있었지만 운명처럼 알게 된 노니에게 한번 기대를 걸어

보자는 마음을 먹고 10일 동안 노니 디톡스에 들어갔습니다. 그런데 결과는 놀라웠습니다. 그렇게 한결같이 붉고 검었던 얼굴이 조금씩 맑아지는 것을 제 눈을 확인 할 수 있었던 것이었습니다. 그후로도 노니 디톡스를 두 번 더 했고 지금은 얼굴색이 많이 맑아졌습니다.

사실 그 동안 저는 얼굴색 때문에 몇 십 년 동안 시진을 찍지 못했습니다. 그런데 지금은 모델이 된 것처럼 여기 저기 열심히 사진을 찍고 다닙니다. 저에게 노니는 정말 소중한 존재입니다.

9. 거울을 볼 때마다 웃음이 나옵니다

이두형 (충북 제천시)

저는 5년 전 위암 절제 수술을 받았습니다. 먹는 것을 너무 좋아하고 음식 버리는 것이 아까워서 다 먹다 보니 평소에 과음과 과식을 많이 하는 편이었습니다. 수술 후 노니 디톡스 프로그램에 도전하게 됐는데 먹는 걸 좋아하는 제가 과연 절식을 잘 할 수 있을 지 걱정이 됐습니다. 하지만 단백질 파우더가 생각보다 배가 든든해 무사히 프로그램을 마칠 수 있었습니다. 6일 디톡스로 6kg이 빠지니 몸이 무척 가벼워 진 느낌이었습니다.

생활 습관에도 변화가 생겼습니다. 늘 찬물을 먹던 습관을 따듯한 물로 바꾸고 스트레스로 늘 화내고 도전적이었던 성격이 긍정적이고 늘 웃음 짓는 성격으로 바뀌었습니다. 그리고 거울을 자주

116

보는 습관이 생겼습니다. 얼굴의 검버섯이 사라지고 위암 치료로 머리가 빠진 곳에 새까맣게 새 머리카락이 올라 오는 것이 너무 신기해서 자주 거울을 보며 웃기 때문입니다.

지금까지도 아침저녁으로 꾸준히 노니 주스를 마시고 있습니다. 건강을 되찾게 도와준 노니 주스가 너무 고맙고 주변 사람들에게도 많이 권하고 싶습니다.

10. 간경화 진단 후 노니를 만나다

김순홍 (충북 제천시)

저는 그동안 건강히 살다가 갱년기 무렵부터 갑자기 여러 가지 증상을 겪었습니다. 무릎 관절이 나빠지고 꼽추처럼 등이 굽어지는 데다 고혈압 고지혈증이 생겼고 작년에는 눈 수술도 받아야 했습니다. 잇몸 질환으로 음식을 잘 씹지 못하니 순식간에 체력이 바닥으로 떨어지고 몸의 기능이 저하되어 매일 이 병원 저 병원을 다니는 일이 일과가 되었습니다. 급기야 간경화 진단까지 받게 되면서 입원 치료를 권유 받게 됐습니다.

하지만 병원에서 간경화 치료를 받기 전에 일단 건강 관리사인 딸의 의견에 따라보기로 했습니다. 피가 탁하면 장기의 기능이 떨어지고 면역력이 약해져 병이 온다며 모든 질병의 치유와 예방에는 디톡스 프로그램이 선행되어야 한다고 설명해 주었습니다.

그로부터 10일을 철저하게 시키는대로 혈압약, 당뇨약도 끊고 노니 디톡스 프로그램에 따라 노니 제품을 섭취하면서 반신욕과

냉온욕으로 면역력을 올리는 노력을 했습니다. 처음에 등산을 할 때에는 1시간도 힘들던 것이 10일 가까워지면서 부터는 3시간 넘게 타도 지치지 않았습니다. 10일 후 체지방이 10kg 가량 줄었고 호전반응도 잘 견뎌냈습니다.

그렇게 보름 후 다시 찾은 병원에서는 깜짝 놀랄만한 결과를 듣게 됐습니다. 증상이 없어졌다며 입원할 필요가 없다는 것입니다. 6개월 후 다시 오라고 해서 다시 디톡스를 10일간 하고 갔더니 역시나 아무런 이상도 발견되지 않았습니다. 이렇게 몸이 건강해진 것은 모두 노니 덕분입니다. 고맙습니다.

11. 그때 그 코끼리 다리 어디갔냐고요?

이석화 (충북 제천시)

저는 충북 자연치유의 도시라고 불리는 제천에서 건강관리사 일을 하면서 산후관리사, 베이비시터, 발 관리 강의도 하고 있습니다. 건강의 기본은 피가 맑아야 하며 피가 따뜻해서 체온에 의해 면역력을 올리며 영양을 충분히 섭취하는 것만이 건강할 수 있다는 생각을 가지고 있는데요.

지난 겨울 스트레스를 많이 받고 불규칙한 식습관과 운동 부족 때문에 하반신에 문제가 생겼습니다. 코끼리 다리처럼 퉁퉁 부었을 때 노니 디톡스 프로그램을 알게 되어 10일 동안 디톡스를 했습니다. 그 결과 체지방이 4kg 빠졌고 더 이상 관절도 아프지 않았습니다. 코끼리 다리처럼 퉁퉁 부었던 것은 신장 기능이 약해서 수분과 노폐물의 배설이 원활하지 못해서 과체중이 되었고 관절에도 무리가 갔던 것입니다.

10일 디톡스 후로도 아침, 저녁을 노니 영양식으로 바꾸어 먹었더니 한 6개월 쯤 지나자 14kg이 빠지면서 몸이 가벼워지고 건강해졌습니다. 살이 빠지니 건강뿐만 아니라 미모도 되살아나 요즘 늘 행복하게 지내고 있습니다. 노니를 만나게 되어 참 기쁩니다.

12. 노니 디톡스가 가져다 준 10일의 기적

허 영 (울산시)

저는 30대부터 관절이 안 좋아서 허리 다리가 자주 아파 늘 병원과 한의원을 다녔습니다. 찜질하는 것이 통증에 좋다고 해서 휴일만 되면 찜질방에서 살다시피 했습니다. 혼자서 미용 일을 하다 보니 체력은 점점 떨어지고, 허리와 다리는 더 아팠습니다. 또 손가락까지 마비가 오고 여름에도 발이 시려서 수면 양말을 신고 일을 해야 했습니다.

이대로 미용 일을 더 할 수 있을까 고민하고 있던 찰나 다른 미용실 원장님이 노니를 권했습니다. 하지만 전 "원장님이나 드세요." 하고 불친절하게 대했습니다. 먹고 싶어도 돈이 없다고 하니 "죽을 때 돈 가져가실래요?"라고 하셨는데 이 말이 가슴에 와 닿더군요.

'그래. 내가 죽을 때 돈 가져갈 것도 아니고 한 번 먹어보자. 더 큰 것을 잃기 전에 내 몸에 투자를 하자!' 라고 결심하며 노니를 먹게 되었습니다.

처음으로 디톡스라는 것을 해 봤고 10일 디톡스를 하면서 체중 조절이 되면서 저절로 관절통증이 줄었고 손목터널증후군 수술을 생각했던 손목과 손가락의 통증도 사라졌습니다. 노니가 아픈 곳들을 천천히 치료를 해 주는 것 같았습니다. 이렇게 귀한 노니를 만나게 해준 원장님께 너무 감사드리고 많은 분들이 노니를 알게 되어 다 같이 건강해졌으면 좋겠습니다.

13. 천식과 원인불명 바이러스로부터의 해방

허남례 (울산시)

저는 어릴 때부터 여러 질병 때문에 고통 받았습니다. 감기에도 잘 걸렸고 잔기침을 자주하는 편이라 늘상 감기약을 달고 살았습니다. 그런데 한 10년 전에 감기가 너무 떨어지지 않아 병원에 갔더니 천식이란 진단을 받게 되었습니다.

또 13살 무렵부터 가렵기 시작한 발은 동네 병원 처방약으로는 도저히 낫지 않아 대학병원에서 정밀진단을 받게 되었는데, 결국 원인모를 바이러스 때문이라는 진단을 받았습니다. 6개월 동안 처방해준 약을 먹었지만 약을 먹을 땐 괜찮다가도 약 기운이 떨어지면 다시 증상이 나타나 가렵고 피부가 짓무르는 증상을 몇 번이나 반복했습니다.

게다가 체온은 34도로 늘 낮았고 저혈압이었습니다. 워낙 약을 많이 먹은 탓에 위는 항상 쓰리고 아팠으며 결국 만성위염이라는 진단을 받았습니다.

몸이 나빠지면서 체중이 점점 늘다가 70kg이 훌쩍 넘어갔는데 숨쉬기도 더 힘들어지고 목욕바구니도 들지 못 할 정도로 기운은 없었습니다. "숨 한번 제대로 쉬어봤으면, 걸음 한번 제대로 걸어봤으면……"하는 게 저의 바램이었는데, 그 기도가 통했는지 제게 새로운 희망이 보였습니다. 바로 2014년 12월에 노니를 만난 것입니다.

결과는 놀라웠습니다. 노니 디톡스를 통해 체중을 18kg이나 감량했고 지금은 천식 약도 먹지 않게 되었습니다. 낮았던 체온과 혈압도 정상 범위로 돌아왔으며 지긋지긋하게 저를 괴롭히던 만성위염도 증상이 사라졌습니다. 게다가 기대하지 않았던 시력도 0.2/0.7에서 1.5로 좋아졌고 노니를 음용한 이후에는 평생 저를 괴롭혀온 바이러스로 부터도 해방되었습니다.

지금은 숨도 편안하게 잘 쉬고 건강한 발로 여기저기 잘 걸어 다니고 있습니다. 노니를 만나지 못했다면 절대 상상할 수 없었던 일상이기에 노니는 저에게 생명이며 빛 같은 존재로 느껴집니다.

14. 마르고 허약한 체질에서 탈출

김민현 (부산시)

저는 어렸을 때부터 체형이나 체격이 굉장히 왜소하여 뼈만 앙상히 남아있을 만큼 마른, 이른바 저체중이었습니다. 어딜가도 항상 약골이라는 수식어가 저를 뒤따랐습니다. 더이상은 안되겠다 싶어 체중을 늘리려고 온갖 방법을 다 동원해서 체중증량을 위해 노력했지만 좋은 결과를 얻지 못했습니다.

식사 횟수와 양을 아무리 늘려보고 많이 먹어보아도 화장실만 자주 갔지 체중증량에는 도움이 되질 않았습니다.

그래서 외부적인 노력보다는 근본적으로 내 안에 있는 체질부터 개선해야겠다는 생각에 알아보던 중 지인의 소개로 노니주스를 접하게 되었습니다.

처음에는 그냥 좋겠지 하고 아무 생각없이 식사와 함께 하루 세 번 노니 주스와 고단백 파우더를 꾸준히 6개월 정도 음용했더니 정말 신기하게도 그렇게 늘지 않던 체중이 약 5kg 정도가 증량이 되고 근육량도 많이 늘게 되었습니다.

지금도 꾸준히 노니 주스를 즐겨 먹으며 몸매 유지를 하고 있고, 이제는 어딜가도 그렇게 저를 따라 다니던 약골이라는 수식어를 더 이상은 듣지 않고 있습니다.

저와 같이 저체중으로 스트레스를 받으면서 생활하시는 분들이 하루 빨리 노니를 만나 큰 도움을 받으셨으면 하는 바램입니다.

PART 5

노니에 대한
궁금증에
답하다

1. 노니를 음용할 때 물을 많이 먹으면 도움이 되나요?

우리 몸은 60~70%가 수분으로 이루어져 있으며 세포와 혈액에도 수분은 매우 중요한 요소입니다. 특히 물은 신장이 해독을 하는 데 매우 중요한 역할을 합니다. 몸 안에 들어온 독소 중에서 수용성 물질의 경우에는 물을 많이 마셔서 소변으로 배출을 할 수 있습니다. 또 물에 녹지 않는 지용성 물질은 간에서 해독을 하는데, 간에서 유해물질을 해독할 경우나 담즙을 분비할 때도 물이 필요하기 때문에 충분하게 섭취해 주는 것이 매우 중요합니다.

술을 많이 마신 뒤에 물을 많이 마시면 숙취해소가 잘 되는 것도 같은 이유입니다. 알코올과 아세트알데히드는 간에서 가수분해가 되는데 물을 많이 섭취하면 이 분해를 촉진시키고 소변으로 자주 배출을 시키기 때문에 해독작용에 있어서 물의 역할이 매우 중요함을 알 수 있습니다. 물을 많이 마시면 자연스럽게 땀의 양도 늘어나는데 피부에서 분비되는 땀을 통해서도 해독이 되므로 노니 섭취와 더불어 물을 많이 마시면 노폐물 배출과 디톡스에 큰 도움이 됩니다.

또한 혈액의 흐름을 좋게해 독소와 찌꺼기를 배출하는 역할도 물이 하는 중요한 역할 중 하나입니다. 몸속에서 노니가 불필요한 노폐물과 독소를 분리하면 이를 운반하여 배출하는 작용이 원활해져 효과를 더 빨리 볼 것입니다. 때문에 노니를 음용하면서 수분을 충분히 섭취하면 독소 배출에 더욱 효과적입니다.

2. 현재 먹고 있는 영양제가 있는데 노니를 추가해도 괜찮을까요?

노니는 그 자체로도 여러 질병에 폭넓게 활용할 수 있지만 그 자체의 효능 외에도 다른 건강기능식품이나 다른 치료 약물과 함께 섭취했을 때 그 효과를 상승시키는 역할도 합니다. 미국 워싱턴 주의 의학박사인 스티븐 홀 박사는 노니가 다른 치료법이나 기능성식품의 효과를 상승시키고, 병을 예방하는 데에도 효과가 있으며 다른 항산화제와 함께 섭취할 경우 더 큰 효과를 발휘한다고 의견을 밝히기도 했습니다.

3. 노니 주스는 하루에 얼마나 마시고, 또 몇 달 동안 먹어야 효과가 있나요?

노니 주스의 경우 개봉 전에는 서늘한 곳에 보관하고 개봉 후에는 냉장고에 보관하는 것이 좋습니다. 마시기 전에 잘 섞어 마시고 아침·저녁 식사 30분 전에 공복에 음용하는 것이 좋습니다.

건강한 사람의 경우 아침·저녁으로 공복에 30ml 정도를 마시고, 7개월 이상 음용한 뒤에도 충분한 효과를 보지 못했다면 그 다음 7일 동안은 15ml를 추가해서 음용합니다. 대신 하루 총 섭취량인 75ml를 하루 세 번에 나눠서 마시되 원하는 결과가 나타나지 않으면 1주일 간격으로 계속 15ml를 늘려나갑니다.

당뇨나 고혈압, 관절염 등의 질환을 가진 경우 아침·저녁으로 공복에 60ml를 마시고 암이나 간경화, 중풍 등의 증세에는 120ml를 마시는 것이 바람직합니다.

보통 3~8주 내에 효과를 본 경우가 전체의 75%를 차지하며 나머지 25%는 3달 안에 효과를 경험했습니다.

체질에 따라 효과가 늦게 나타나는 경우도 있으니 적어도 3달 은 꾸준히 음용하는 것이 좋습니다.

4. 퇴행성관절염을 오랫동안 앓아왔습니다.
노니 주스가 관절에도 도움이 되나요?

실제로 인공 관절 수술까지 받았지만 통증 때문에 계단을 오르내리는 것도 힘들어했던 60대 여성이 노니 주스를 마시고 통증이 사라진 사례도 있습니다. 또한 노니와 관련된 각종 자료 중에서도 특히 관절이나 힘줄 등의 염증에 많은 효과를 보이고 있다는 내용이 나와있습니다. 노니가 관절에 도움이 되는 이유는 노니 안에 들어있는 성분 때문입니다. 노니 열매 안에는 상당량의 프로제로닌 성분이 들어 있으며 이 성분이 사람의 몸 안에서 제로닌이라는 매우 중요한 물질로 바뀝니다. 제로닌은 효소를 도와 세포를 활성화 시키고 세포의 재생과 회복을 도와 근본적으로 약해진 몸의 부위들을 건강하게 만드는 역할을 합니다. 따라서 면역체계와 내분비 호르몬 체계 등 몸의 균형을 회복시키고 원래의 기능을 활성화 시킴으로써 내 몸의 증상을 완화시킵니다.

5. 고혈압 때문에 노니를 섭취하려고 합니다. 병행하면 좋은 요법들이 있을까요?

노니 주스를 음용하면서 먼저 식이요법을 시행해보는 것이 좋습니다. 가공된 밀가루와 백설탕, 유제품과 지방이 많은 육류를 피하고 가공되지 않은 생선과 기름기가 없는 육류를 섭취하는 것이 좋습니다. 그리고 과일과 신선한 채소를 챙겨 먹고 소금과 카페인의 섭취량을 줄이는 것이 좋습니다. 혈압을 낮추고 콜레스테롤 수치를 낮춰주는 마늘이나 양파를 많이 먹는 것도 도움이 됩니다. 특히 샐러리나 샐러리 씨는 혈압을 낮춰주는 성분이 들어있는 것으로 많이 알려져 있습니다.

훈제한 고기나 캔에 들어있는 음식, 초콜릿, 탄산음료 등은 고혈압과 심혈관계에 좋지 않은 성분을 다량 함유하고 있으므로 최대한 피하는 것이 좋습니다. 또한 필수지방산과 플라보노이드, 칼슘과 마그네슘, 셀레늄을 보충해주는 것이 좋습니다.

흡연가의 경우는 금연을 하고, 비만인 경우에는 체중을 줄이는 것이 좋습니다. 스트레스를 많이 받으면 고혈압에 악영향을 줄 수 있으므로 스트레스를 줄일 수 있는 이완요법이나 명상요법들을 평소에 활용해보는 것도 좋습니다. 주 3회 정도의 꾸준한 운동을 하고 정기적으로 혈압을 측정하는 것도 필요합니다.

6. 노니 원액을 마시기가 힘이 듭니다.
쉽게 음용할 수 있는 방법은 없을까요?

노니는 '치즈 나무'라는 별칭도 가지고 있습니다. 잘 익은 노니열매 특유의 발효가 된 듯한 고약한 냄새 때문에 사실 음용하기 쉬운 주스는 아닙니다. 때문에 환의 형태나 다른 과즙과 섞은 주스를 만들기도 합니다. 노니 주스를 계속 마시다 보면 점점 그 맛에 익숙해지는데요, 익숙해지기 전까지는 요구르트에 섞거나 일반 과실주스에 섞어 마시는 것도 방법입니다.

하지만 원액 그대로를 마시는 방법이 좋기 때문에 최대한 그 맛에 빨리 익숙해지는 것이 좋습니다. 따듯한 물에 희석해 차처럼 마셔도 좋은데 따듯한 물 150ml과 노니 주스 30ml를 섞으면 됩니다. 보통 일반적인 종이컵과 유사한 유리컵이 180ml이므로 유리컵에 1cm정도 남기고 따듯한 물을 담고 노니 주스를 가득 담는다고 생

각하면 계량하기 쉽습니다. 노니 차는 긴장을 풀거나 스트레스를
완화할 때 도움이 되고 감기기운이 있을 때 음용하면 좋습니다.

7. 몸이 무척 예민하기 때문에 노니가 안 맞는 사람도 있나요?

노니를 음용했던 99% 이상이 괜찮았습니다. 하지만 1% 미만의 경우에는 아주 드물게 알레르기 반응이 나타나기도 했으니 노니에 대한 민감도를 알아보기 위해 3일 동안 시험적으로 음용해 보는 것도 좋습니다.

노니 주스를 마시는 시간은 아침식사와 저녁식사 30분 전이고 나이나 성별, 체중과 상관없이 5ml(밥숟가락 절반)의 노니 주스를 음용해 보시면 됩니다. 발진이나 두드러기가 생기거나 목과 얼굴이 붓는 증상, 또는 숨소리가 거칠어지는 증상이 나타날 경우에는 드시지 마세요. 극소수의 알레르기 반응을 보이는 경우에 해당되는 증상입니다.

만약 3일 동안 아무 증상이 나타나지 않았다면 그 다음 한 달 간은 양을 늘려 드셔도 됩니다. 배꼽 주변에 원액을 발라 피부 테스트를 해볼 수 있지만 개인차에 따라 결과가 정확하지 않을 수 있으므로 3일 동안 직접 마셔보고 판단하시는 게 좋습니다.

8. 애완동물이 아픈데, 노니를 먹여도 될까요?

닐 솔로몬 박사의 연구에 따르면 가축이나 동물의 질병에도 도움이 된다고 합니다.

실제로 남태평양의 섬에서는 돼지들에게 노니를 먹였더니 더 건강하고 활력이 넘쳐서 먹이로 노니를 준다고 합니다.

켄터키 주 동물응급센터에 근무하는 수의사인 게리 트란(Dr. Gary Tran) 박사는 5,000마리가 넘는 동물들을 노니 주스로 치료했으며 효과가 사람보다 훨씬 잘 나타났다고 합니다. 게리 트란 박사는 관절통과 천식을 앓고 있었는데 본인과 주변 가족들이 직접 노니의 놀라운 효과를 경험했기 때문에 동물들에게도 노니 주스를 가지고 치료를 하기 시작했다고 합니다.

노니 주스를 동물들에게 먹였더니 염증이 가라앉고 기생충이 없어지고 알레르기를 줄여주었으며 독을 해독하고 관절염이나 염좌, 골절에도 효과가 있었습니다. 또한 생체 내 기관들의 치유 과정을 촉진시켜 수술을 받은 동물의 회복시간을 단축시켜 주었다고 합니다.

사람과 마찬가지로 주스를 음용하면 되고 45kg의 이하의 동물은 아동의 음용량을, 45kg 이상의 동물에는 성인 권장량대로 섭취시키면 됩니다.

9. 늘 소화에 문제가 있어 일상생활에 지장을 줍니다. 노니가 도움이 될까요?

미국 가슨 박사가 〈퍼시픽 사이언스 저널〉에 발표한 연구에 의하면 노니에 들어있는 성분 중 하나인 안트라퀴논이 소화기의 활동을 자극하며 소화할 때 충분한 분비액과 효소가 생성되도록 돕는다고 밝히고 있습니다. 실제로도 노니를 섭취한 환자 8천 명 중에서 약 89%에 해당하는 사람들의 소화기관 질환 증상이 호전되었다고 답했습니다.

안트라퀴논의 역할 이외에도 호르몬인 세로토닌을 잘 분비하도록 하는 노니의 효능 또한 소화기관에 긍정적인 영향을 줄 수 있습니다. 세로토닌 수용체는 소장에 밀집되어 있기 때문에 노니를 섭취하면 장의 기능이 활성화되기도 합니다.

"노니 연구를 시작하면서 의학서적의 노니의 기원, 효능, 과학적으로 입증된 치료 효과를 찾고 50명이 넘는 의사와 전문가를 만나 10,000개가 넘는 임상사례를 수집 했다. 여러 질병에 걸쳐 발휘된 노니의 치료효과는 놀라웠다. 고백하건데 의사인 나는 노니의 탁월한 치료효과에 경이로움 마저 느껴졌다."

-닐 솔로몬 의학박사

누구에게나 처음 '노니' 라는 열매를 소개하면 생소한 이름과 만병통치약처럼 들리는 다양한 효과 때문에 오히려 쉽게 마음을 열지 않습니다. 과연 믿을만 한 건지, 혹은 여타 다른 건강기능 식품처럼 효과가 있다는 과대광고에 속는 것은 아닌지 의심하기 마련입니다.

오하이오 주립대학과 존스 홉킨스 출신의 의료인인 닐 솔로몬 박사는 대표적인 노니 연구가입니다. 의사인 그 역시 노니라는 천 연 열매를 연구하면서 수많은 사람들이 효과를 보았다는 사실을

들었고, 의학 임상 연구 사례를 통해서 그 효과가 증명이 되었기에 놀라움을 감추지 못하고 있습니다. 닐 솔로몬 박사뿐만 아니라 자신의 환자들에게 직접 노니 주스를 처방한 다른 의료인들 역시 노니의 효과에 대해 놀라워하고 있습니다.

폴리네시아 원주민들에게는 '신이 내린 과일'로 이미 수천 년 동안 치료제로 노니를 활용해 왔지만 노니의 약리효과가 서구인에게 알려진 것은 1990년대 중반 이후부터입니다. 현대의학의 한계성을 인식한 사람들은 더 안전하고 부작용이 없는 대체의학, 자연의학, 통합의학을 선호하기 시작했기 때문입니다.

자연의학에 쓰이기 위해서는 다음과 같은 조건을 충족시켜야 합니다. 여러 사람들이 쉽게 접할 수 있어야 하며 오랜 시간에 걸쳐 그 효과와 부작용이 검증된 천연 제품이어야 합니다. 또한 과학적으로도 증명이 되어야 하는데 노니는 이러한 조건들을 모두 갖추고 있는 식품입니다.

이미 많은 기업들이 노니를 전 세계에 수출·유통시키고 있어 노니 주스를 구하는 데 그리 어렵지 않습니다. 그리고 여러 연구진에 의해 제로닌(Xeronine), 아답토젠(Adaptogen), 이리도이드(Iridoids), 스코폴레틴(Scopoletin)등과 같은 유효한 성분들이 밝혀졌으며, 실험쥐를 통한 고혈압, 당뇨, 암에 대한 노니의 임상효과도 발표됐습니다.

저자인 저는 여러 질병으로 고통 받는 분들에게 이 놀라운 천연 식품을 소개해야 한다는 사명감이 큽니다. 아무쪼록 이 책을 통해 많은 분들이 노니에 대한 다양한 정보를 얻고 노니를 통해 건강이 회복되시기를 바랍니다.

참고도서 및 문헌

내 몸을 살리는 노니 / 정용준

통증즉효 기적의 과실 / 쿠고우 히루히코

노니 생명의 기적을 얻는다 / 닐 솔로몬

암 성인병과 싸우는 노니는 / 천병수

난치병 암을 치유하는 기적의 영양치료법 / 호시노 도오

자연치유력을 키워라 / 강길전, 홍달수

호전반응, 내 몸을 살린다 / 양우원

막힘없이 술술 혈관건강법 / 성효경

우리 가족 주치의 굿 닥터스 / 대한의학회 · 대한의사협회

자연의학 / 차종환

세포의 반란 / 로버트 와인버그

미국 오클라호마 대학교 의학연구 센터의 로버트 플로이드(Robert Floyd) 박사의
연구보고 자료

해외자료 : THE NONI PHENOMENON by Neil Solomon. M.D. phD

공복과 절식

최근 식이요법과 비만에 대한 잘못된 지식이 다양한 위험을 불러오고 있다. 이 책은 최근 유행의 바람을 몰고 온 1일 1식과 1일 2식, 1일 5식을 상세히 살펴보는 동시에 식사요법을 하기 전에 반드시 알아야 할 위험성과 원칙들을 소개하고 있다.

양우원 지음 | 274쪽 | 값 14,000원

진정한 건강 식단은
'개인별 맞춤식 식단' 에서 시작된다
한국인의 체질에 맞는 약선밥상

한국 전통 약선의 기본적인 주요 개괄을 설명하는 동시에 이를 실생활에 응용할 수 있도록 했다. 우리가 현재 먹고 있는 밥상이 얼마나 건강한 것인지, 나와 내 가족에게 얼마나 적합한 것인지 고민하는 모든 분들께 이 책이 작고 큰 도움을 제공할 것이다.

김윤선·이영종 지음 | 216쪽 | 값 11,000원

지금껏 알고 있는 의학상식은 잊어라
톡톡튀는 질병 한 방에 해결

인체를 망가뜨리는 환경호르몬, 형광물질로 얼룩
진 화장지, 방부제의 위협을 모르는 채 매일 먹고
있는 빵, 배불리 먹는 만큼 활성산소의 두려움에
떨어야만 하는 우리 몸의 그늘진 상처와 함께 우
리가 미처 알지 못했던 건강에 대한 비밀을 만나
볼 수 있다.

우한곤 지음 | 278쪽 | 값 14,000원

먹지 않고 힘들게 살을 빼는
혹독한 다이어트는 이제 그만!
다이어트 정석은 잊어라

살을 빼기 위해서 적게 먹는 혹독한 다이어트로 인
해 발생하는 문제점과 지금까지 다이어트가 실패
할 수밖에 없었던 원인을 밝힌다. 이 책은 해독 요
법만큼 원천적이고 훌륭한 다이어트는 없다는 점
을 강조하는 동시에, 균형 잡힌 식습관을 위해서는
일상 속에서 무엇을 알아야 하는지를 상세하게 설
명하고 있다.

이준숙 지음 | 152쪽 | 값 7,500원

우리 가족의 건강을 지키는
최고의 방법 내 병은 내가 고친다!
질병은 치료할 수 있다

50년간 전국 방방곡곡에서 자료 수집 후 효과를 검
증받아 쉽게 활용할 수 있는 가정 민간요법 백과서
이며 KBS, MBC 민간요법 프로그램 진행 후 각종
언론을 통해 화제가 되기도 하였다.

구본홍 지음 | 240쪽 | 값 12,000원

피부과 전문의가 주목한
한국 최고 아토피 치료의 모든 것
아토피 치료 될 수 있다

아토피 분야의 임상으로 국내에서보다 일본, 미국
에서 잘 알려진 구본홍 박사가 펴낸 양한방 아토피
정보서다. 이 책에는 일상생활 속에서 아토피 방지
를 위해 실천할 수 있는 생활 수칙 뿐만 아니라, 현
재 각광받고 있는 다양한 치료법을 소개한다.

구본홍 지음 | 120쪽 | 값 6,000원

음이온이 만들어내는 친환경 세상
기적의 음이온

우리를 괴롭히는 수많은 질병들은 환경오염에서
비롯된다. 신종플루, 조류독감 등 최근 등장한 무서
운 질병들은 거의 바이러스 형태로 대기의 먼지를
타고 이동한다. 공기를 정화하고 우리 몸을 건강하
게 하는 친환경 음이온에 대한 안내서다.

이청호 지음 | 152쪽 | 값 6,000원

성인병을 예방 치유하는 천연 복합 물질
실크 아미노산의 비밀

몸에 좋은 실크 아미노산에 대해 얼마나 알고 있는
가? 현대인에게 건강 신소재로 각광받고 있는 실크
아미노산에 대한 영양학적인 효능과 지금까지 공
개되지 않았던 실크 아미노산의 모든 것을 전하고
있다.

윤철경 지음 | 128쪽 | 값 6,000원

자연치유 전문가 정용준 약사의 **노니 건강법**

초판 1쇄 인쇄 2016년 07월 01일
2쇄 발행 2018년 03월 15일

지은이 정용준
발행인 이용길
발행처 **모아북스**
      MOABOOKS

관리 양성인
디자인 이룸

출판등록번호 제 10-1857호
등록일자 1999. 11. 15
등록된 곳 경기도 고양시 일산동구 호수로(백석동) 358-25 동문타워 2차 519호
대표 전화 0505-627-9784
팩스 031-902-5236
홈페이지 www.moabooks.com
이메일 moabooks@hanmail.net
ISBN 979-11-5849- 030-0   03570